Albert Ringlstetter

Des Kaisers neue Klimakleider

Physikalische Widerlegung der Treibhausthese

Albert Ringlstetter

Des Kaisers neue Klimakleider

Physikalische Widerlegung der Treibhausthese

Verlag Skriptum Minervae

Bibliografische Information der Österreichischen Nationalbibliothek: Diese Publikation ist in der Österreichischen Nationalbibliografie verzeichnet.

ISBN 978-3-9505907-0-8

WARUM DIESES BUCH?

Dieses Buch widerlegt also die Treibhausthese? Das ist zweifellos eine Ansage, die vielschichtige Emotionen wecken dürfte. Nur bin ich weder Träumer noch Verschwörungstheoretiker. Als Diplomingenieur mit viel Erfahrung im Bereich Wärme und Energiebilanzen stehe ich mit beiden Beinen im Berufsleben - und wende lediglich die ***Regeln der Wärmephysik*** *an. Das ist weder verrückt noch provokant, sondern notwendig – denn es wird ja wärmer. Und diesmal dürfte es nicht die Natur sein. Diesmal sind es wir Menschen, zumindest aus Sicht dieses Buchs.*

Ich verstehe die Skepsis gegenüber Kritik am Treibhausmodell. Ein etabliertes Modell stellt man nicht leichtfertig infrage. Diese Skepsis wäre allerdings schon 1990 angebracht gewesen - beim Erscheinen des 1. Klimaberichts. Dann wäre es womöglich gar nicht so weit gekommen.

Wussten Sie, dass im Treibhausmodell eine Rückstrahlung von 342 W/m^2 durch Treibhausgase angesetzt wird – bei nur 160 W/m^2 Sonneneinstrahlung?

Haben Sie das jemals in einer Zeitung gelesen oder im öffentlichen Fernsehen erklärt bekommen? Ich auch nicht. Auf diesen Zahlen basiert die gesamte Klimapolitik. Wir reden hier nicht über »etwas« Gegenstrahlung, sondern über gut ***das Doppelte der Sonne****. Wäre hier nicht mehr Skepsis angebracht gewesen? Leuchtet diese Zahl sofort ein, sodass man sich jede Nachfrage sparen konnte? Warum wird diese Zahl nicht öffentlich in Medien erwähnt und diskutiert?*

Doch wenn CO_2 nicht die Ursache ist – ***was dann?*** *Die Erwärmung scheint real zu sein. Und sie nimmt zu. Ein möglicher Erklärungsansatz liegt dort, wo kaum jemand hinschaut: Die Bewölkung über den Industrienationen geht zurück – in Deutschland um 18 % seit 1990 (Quelle: Deutscher Wetterdienst). Weniger Wolken bedeuten mehr direkte Sonneneinstrahlung – und damit mehr Wärme auf dem Boden.*

Die Widerlegung der Treibhausthese war physikalisch nicht besonders schwer. Im Grunde muss man die These nur zitieren. Die Herausforderung war eher, nicht ins Polemische zu verfallen angesichts der Höhe der angeblichen Gegenstrahlung. Auch mir kam der Gedanke: Kann es sein, dass so viele Experten irren – und ein Einzelner findet den Fehler? Ich habe das sehr ernst genommen. Über Jahre hinweg habe ich meine Analyse hinterfragt, überprüft, neu gerechnet. Und ich hätte es beinahe erleichternd gefunden, wenn mir jemand einen Denkfehler hätte nachweisen können. Doch je tiefer ich einstieg, desto mehr Fragen warf das Treibhausmodell auf.

Es widerspricht grundlegenden physikalischen Prinzipien. Trotzdem wird es verteidigt – oft nicht mit Argumenten, sondern mit Etiketten: Wer widerspricht, ist ein »Leugner«. Doch solche Rhetorik ersetzt keine Wissenschaft.

Aber urteilen Sie selbst. Ich will niemanden überzeugen – nur zum Nachdenken anregen und lade Sie ein zu einer physikalischen Spurensuche. Verständlich erklärt, mit Beispielen aus dem Alltag. Denn Wärme ist nichts Abstraktes: Jeder kennt sie, jeder spürt sie. Aber es fällt schwer, sie exakt zu beschreiben – und noch schwerer, sie korrekt zu bilanzieren.

Worum geht es wirklich? Etwas wird wärmer, als es vorher war. In diesem Fall: das Klimasystem. Und wie bei jedem physikalischen System gilt: Es kann nur dann wärmer werden, wenn ihm ***zusätzliche Wärme von außen*** *zugeführt wird. Kein System erwärmt sich aus sich selbst heraus.*

Was Sie erwartet:

- *Eine sachliche Analyse der offiziellen Klimamodelle.*
- *Eine kritische Prüfung der sogenannten Gegenstrahlung.*
- *Ein alternatives Erklärungsmodell zur aktuellen Erwärmung.*

35 Jahre nach dem ersten Klimabericht wissen wir noch immer nicht wirklich, warum es wärmer wird – aber wir handeln bereits, als sei alles geklärt. Aus einem harmlosen Spurengas, das Pflanzen zum Wachsen brauchen, wurde ein Monstergas gemacht.

Meine Empathie gilt den Menschen, die vertrauen wollen - und müssen. Die zur Kasse gebeten werden wegen CO_2 und das alles mittragen im Vertrauen darauf, dass sich der Klimawandel damit aufhalten lässt. Deshalb wurde das Buch in verständlicher Sprache verfasst. Es soll von möglichst vielen verstanden werden und nicht elitären Absichten dienen.

Denn am Ende geht es um eine einfache, zentrale Frage:

Was ist gesicherte Physik – und was ist modellgetriebene Interpretation?

Von dieser Frage sollte man sich nicht abbringen lassen, weder durch Meinungen, Politik noch durch blindes Vertrauen. Glauben hat seinen Platz – aber nicht in der Physik.

Es wird spannend.

Albert Ringlstetter

Wo beginnt ein Märchen?

In den letzten 30 Jahren ist Europa um etwa 1,8 °C wärmer geworden – und auch große Teile der USA, Russlands und Asiens. Je weiter nach Norden, desto deutlicher der Trend. Daran bestehen kaum noch Zweifel. Die Frage ist nicht mehr, **ob** sich das Klima verändert – sondern ***warum***. Eine mögliche Antwort lautet: Es ist wieder nur ein natürlicher Klimawandel. Auszuschließen ist das nicht, doch diesmal gibt es gewichtige Unterschiede:

- In den Industrienationen wird zusätzliche Wärme freigesetzt.
- Die Geschwindigkeit der Erwärmung ist auffällig hoch.

Wer allein natürliche Ursachen vermutet, muss erklären, dass unsere zusätzlich freigesetzte Wärme keine Rolle spielt. Dafür braucht es drei Dinge:

- Die Kenntnis des Weltenergieverbrauchs,
- die Fläche, über dem er frei wird und
- eine klare Definition des Klimasystems und seiner zirkulierenden Wärme.

Natürlich gibt es Gründe, sich nicht mit dem Klimawandel zu befassen: *Keine Zeit, interessiert mich nicht, zu schwierig, das ist doch alles längst bewiesen, man kann ja sowieso nichts machen.*

Doch das Klimasystem interessiert sich nicht für Ausreden – es folgt einfach den Gesetzen der Thermodynamik. Wer sich nicht mit Wärme beschäftigt, sagt auf seine Weise: »*Der Klimawandel interessiert mich nicht.*«

Es könnte aber auch nur die Sorge ein, dass das Thema als so kompliziert empfunden wird, dass es keinen Sinn hat, sich damit zu beschäftigen.

Gegenfrage: Sie gießen Leitungswasser in einen Topf und stellen ihn auf den Herd. Wie warm wird das Wasser? Es wird so warm wie die Küchenluft, mehr passiert nicht. Es wird so warm, weil das »System Topf« im »System Küche« steht. Im Freien würde das Wasser so warm werden wie die Außenluft.

Nun soll das Wasser aber Kochen. Also schalten wir den Herd an. Damit bekommt das Wasser Energie von außerhalb des Systems. Der Systemgedanke ist in der Physik sehr wichtig, weil es sonst nicht mehr nachvollziehbar wird. In der Physik muss alles zuerst einfach sein.

Wir sitzen im Winter zuhause und es ist uns zu kalt. Wir drehen die Heizung höher. Damit kommt mehr Wärme ins »System Haus«.

Wieder kommt die Wärme von außerhalb des Systems, auch wenn der Heizraum im Haus ist. Aber die Energie kommt von außerhalb.

Die Erdoberfläche war vor 30 Jahren 15 °C warm, als globaler Mittelwert. Heute sind es 16,5 °C. Wie ist das möglich? Lassen wir einmal alles weg, was wir zu wissen glauben. Wie konnte der Boden wärmer werden? Es musste eine Wärme auf ihn einwirken, die größer war als die bereits vorhandene. Wenn es Strahlung war, musste die Strahlungsquelle wärmer sein als 16,5 °C. Sonst kann der Boden nicht 16,5 °C warm geworden sein. Dafür muss man nicht Physik studiert haben. Wenn Treibhausgase den Boden erwärmt haben, müssen sie mindestens 16,5 °C warm sein. Und sie müssen dieselbe Oberfläche haben wie die Erde.

Die Gasmoleküle in der Luft sind kälter. Vielleicht kann man sich wenigstens darauf einigen. Nur ist es unmöglich, dass eine kalte Oberfläche eine warme noch wärmer macht. Stellen wir den Wassertopf in den Kühlschrank, wird das Wasser nicht wärmer, sondern kälter. Obwohl der Kühlschrank bei 6 °C mit 342 W/m^2 auf den Topf einstrahlt. Das sind exakt die 342 W/m^2, die als Treibhauseffekt angesetzt werden. Das Wasser würde kälter werden und nicht wärmer! Wenn man darüber auch noch diskutieren muss, wird es schwierig.

Damit CO_2 & Co den Boden wärmer machen, als er bereits ist, muss

- dieses Spurengas wärmer sein als der Boden und
- es muss dieselbe Oberfläche haben wie die Erde: 511.000.000 Mio. km^2.

Es gibt noch eine dritte Möglichkeit: Wir schreiben die Physik neu. Kaltes kann etwas Warmes noch wärmer machen. Aber vielleicht reduziert CO_2 nur die Auskühlung des Bodens? Wenn dem so wäre, dann ist eine reduzierte Auskühlung immer noch eine Auskühlung – und keine Erwärmung.

Entweder stimmt die Treibhausthese oder sie stimmt nicht

Wenn sie nicht stimmt, müssen wir unsere gesamte Klimapolitik überdenken. Wenn sie stimmt, wird die Treibhausthese auch dieses Buch überleben – und gestärkt daraus hervorgehen. Nur dürfte das nach diesem Buch schwierig werden.

Das berühmte Märchen von Hans Christian Andersen ist vielschichtiger, als es scheint. Es ist nicht bloß eine Fabel über Eitelkeit. Es ist ein Gleichnis über Macht, Konformität, Täuschung und Wahrheit.

Hier eine Lesart – übertragen auf unsere Zeit:

1. Der Kaiser – Symbol für Autorität ohne Substanz
Besessen von äußerem Glanz, verliert er das Wesentliche aus dem Blick.

2. Die Schneider – Symbol für Täuschung mit Methode
Sie versprechen ein Gewand, das nur kluge und würdige Menschen sehen können. Damit erzeugen sie sozialen Druck und eine interessante Form von moralischer Erpressung.

3. Die Hofleute – Symbol für Konformität aus Angst
Sie spielen mit, aus Furcht, inkompetent zu erscheinen. Der kollektive Selbstbetrug beginnt – gestützt durch gegenseitiges Schweigen.

4. Das Volk – Symbol für Mitläufertum
Alle loben das Gewand, weil alle anderen es auch tun. Die Meinung der Mehrheit ersetzt das eigene Urteil. Die eigene Wahrnehmung wird verdrängt – aus Angst vor dem sozialen Preis.

5. Das Kind – Symbol für gesunden Menschenverstand
Das Kind ist die Stimme der Klarheit. Es erkennt, was alle sehen, aber keiner sagt: »*Der Kaiser hat ja nichts an!*« Dieser Moment steht für den Mut zur Wahrheit – losgelöst von Status, Meinung oder Angst.

6. Das Ende – Symbol für Einsicht oder Tragik
Der Kaiser erkennt die Wahrheit – aber er geht weiter, nackt, mit erhobenem Haupt. Ein Eingeständnis empfände er noch entblößender als den Irrtum.

Beim Klima sind die Rollen nicht exakt dieselben wie im Märchen – aber die Mechanismen ähneln sich. So früh im Buch mag es gewagt erscheinen, ein solches Gleichnis zu ziehen. Vielleicht ist es sogar anmaßend. Aber das Märchen wäre nicht zum Titel dieses Buches geworden, wenn es der Inhalt nicht hergäbe. Auch als Autor könnte man am Ende nackt dastehen. Dieses Risiko begleitete das Schreiben und besteht weiterhin. Doch ohne Risiko kein Fortschritt – und ohne Mut keine Wahrheit.

Beim Klima ist das Volk kein freiwilliger blinder Mitläufer. Es wurde nie sauber informiert. Sollen die Menschen neben Alltag, Beruf und Freizeit auch noch 4.000 Klimabericht lesen? Das kann niemand erwarten – und würde auch nicht viel helfen. Im Grunde sollen sie nur glauben. Dazu passt aber nicht die Staatsform, auf die wir stolz sind.

Wie wird der Treibhauseffekt erklärt?

Nachfolgend wird eine weit verbreitete Sichtweise auf den Treibhauseffekt dargestellt – so, wie sie an Schulen, in Medien oder populärwissenschaftlichen Quellen oft vermittelt wird. Es geht hier nicht um polemische Überzeichnung. Vielmehr darf man davon ausgehen: Wer es so erklärt, glaubt es auch. Mehr noch – man ist überzeugt, dass es der Wahrheit entspricht.

Strahlungsbilanz der Erde

Was die Erde an Sonneneinstrahlung bekommt, muss sie wieder abgeben. Das ist unstrittig. Es herrscht ein Strahlungsgleichgewicht. Was hereinkommt, muss auch wieder hinaus.

Wie bleibt die Wärme auf der Erde?

Sonnenlicht durchdringt die Atmosphäre nahezu ungehindert. Die Wärmestrahlung, die die Erde anschließend abgibt, wird hingegen von bestimmten Molekülen in der Atmosphäre teilweise absorbiert. Diese Moleküle – vor allem CO_2, Methan (CH_4) und Wasserdampf (H_2O) – nennt man *Treibhausgase*.

Sie nehmen die Wärmestrahlung auf, geraten in Schwingung und geben die Energie in alle Richtungen wieder ab – auch zurück zur Erdoberfläche. Dadurch bleibt es dort wärmer, als es ohne Atmosphäre wäre.

Das ist der natürliche Treibhauseffekt, Ohne ihn wäre es **33 °C kälter auf der Erde.** Mit zunehmendem CO_2 nimmt dieser wärmende Effekt zu.

Experimenteller Nachweis

Es gibt Schulversuche, die das belegen: Eine Lampe simuliert die Sonne. Ein Gefäß wird zunächst mit Raumluft gefüllt: Durch Bestrahlen mit der Lampe erreicht die Luft im Gefäß eine gewisse Temperatur. Nun wird CO_2 zugegeben und die Temperatur steigt deutlich.

Der anthropogene Treibhauseffekt

Der Treibhauseffekt ist messbar, nachweisbar und gut verstanden. Mehr CO_2 = mehr Wärmestrahlung in der Atmosphäre = mehr Erwärmung.

Dieses Buch geht auf jedes dieser Argumente – und noch weitere - sachlich ein. Danach kann wieder jeder glauben, was ihm einleuchtet. Wir kommen beim Klimawandel nicht weiter, wenn wir uns gegenseitig beleidigen oder bewusst missverstehen. Uns muss klar sein, was wir wirklich wollen: Den Klimawandel verstehen, um dagegen zu wirken. Oder geht es nur um Rechthaberei und Revierverteidigung?

Die genannten Begründungen für die Treibhausthese sind im Prinzip alle korrekt, nur fehlen die Größenordnungen. Bremst ein Insekt, das gegen die Scheibe eines fahrenden Autos knallt, das Auto ab? Ja natürlich. Weil es in der Physik kein »Nichts« gibt. Ursache und Wirkung.

Nicht nur, **ob** etwas wirkt, sondern **wie stark** es wirkt. Darum geht es hier.

Es ist unbestritten, dass Moleküle mit mehr als 2 Atomen auf Wärmestrahlung reagieren. Doch dazu gehört auch das Wissen, dass z. B. CO_2 nur auf den Bereich 14,7 – 15,3 µm anspricht. Der Boden strahlt – entsprechend der Planck-Kurve bei ca. 15 °C – zwischen 5 und 50 µm ab. Nicht gleichmäßig, sondern in einer Glockenkurve mit dem Maximum bei ca. 10 µm.

Verglichen mit einer Uhr reagiert CO_2 nicht auf 24 Stunden, sondern nur auf 30 Minuten, also auf rund 2 % der Bodenabstrahlung.

Dass es ohne Treibhauseffekt -18 °C kalt wäre, basiert auf einer so offensichtlich falschen Rechnung, dass hier Absicht unterstellt werden muss. Das wird in Kapitel 2.6. besprochen. Man wollte ausrechnen, wie kalt es ohne Treibhausgase wäre. Nur hat man dabei alles andere auch weggelassen, was unser Klima auszeichnet: Ozeane, Luft. Klar wäre es dann kälter.

Die Schulexperimente

Natürlich steigt die Temperatur in einem Glasgefäß mit CO_2 – weil CO_2 ein größeres Molekül ist und mehr Masse eingebracht wird. Auch erwärmt sich das Gefäß selbst durch die Wärmebestrahlung. Unsere reale Luft enthält nur 0,04 % CO_2. Im Schulversuch ist es konzentriert, die Wärmestrahlung ist stark. In einem Gefäß kann das Gas nicht expandieren, in der freien Atmosphäre sehr wohl. Es geht nicht darum, dass CO_2 keine Wirkung hat. Es geht um eine Bewertung seiner realen Wirkung im natürlichen Maßstab.

Warum wird dieser Versuch nicht unter realen Bedingungen durchgeführt – im Freien, mit Luft und einem empfindlichen Messgerät? Solche Versuche wirken eindrucksvoll und können zur Veranschaulichung von Wärmeabsorption dienen – mehr aber auch nicht. Ein Glas mit CO_2 zu erwärmen und daraus Rückschlüsse auf die Erdatmosphäre zu ziehen, ist so sinnvoll, wie eine Schwalbe in einen Käfig zu sperren – und daraus zu schließen, sie könne nicht fliegen. Diese Form der Didaktik gehört nicht in die Wissenschaft. Nicht in die Schule und nicht ins öffentliche Fernsehen. Gut gemeint ist nicht automatisch die Wahrheit.

Wurde es wirklich wärmer?

Beim Klima wird in Zeitabschnitten von 30 Jahren analysiert. Die eigene Erinnerung kann hier täuschen. An heißen Sommertagen denkt man sich, dass es früher nicht so heiß war und an verregneten Tagen entsteht der Eindruck, dass sich eigentlich nichts geändert hat.

	Monat	1900-1929	1930-1959	1960-1989	1990-2019	2020-2024
Winter	Jan	-0,1 °C	-0,8 °C	-0,5 °C	0,9 °C	3,6 °C
	Feb	0,4 °C	-0,2 °C	0,4 °C	1,5 °C	3,2 °C
Frühjahr	Mär	3,6 °C	3,4 °C	3,5 °C	4,6 °C	5,7 °C
	Apr	7,2 °C	7,8 °C	7,4 °C	9,0 °C	7,5 °C
	Mai	12,4 °C	12,4 °C	12,1 °C	13,1 °C	13,1 °C
Sommer	Jun	15,1 °C	15,7 °C	15,4 °C	16,4 °C	18,6 °C
	Jul	17,0 °C	17,3 °C	16,9 °C	18,3 °C	18,7 °C
	Aug	16,0 °C	16,7 °C	16,5 °C	18,0 °C	18,3 °C
Herbst	Sep	12,8 °C	13,6 °C	13,3 °C	13,8 °C	17,3 °C
	Okt	8,3 °C	8,6 °C	9,0 °C	9,4 °C	11,9 °C
	Nov	3,3 °C	4,1 °C	4,0 °C	4,8 °C	5,6 °C
Winter	Dez	1,0 °C	0,7 °C	0,8 °C	1,8 °C	4,1 °C
	Mittel	8,1 °C	8,3 °C	8,2 °C	9,3 °C	10,6 °C

Tabelle 1 – Temperaturdaten Deutscher Wetterdienst, Mittelwerte

Die Monatswerte wurden extrahiert aus:

Deutscher Wetterdienst (DWD): *Gebietsmitteltemperaturen Deutschland – Monatswerte seit 1881.* Offen zugänglich über das Climate Data Center (CDC), Rubrik „Lufttemperatur, Monatsmittelwerte", zuletzt abgerufen am [Datum deines Downloads], URL: https://opendata.dwd.de/climate_environment/CDC/regional_averages_DE/monthly/air_temperature_mean/

Die Tabelle bestätigt, dass die Mitteltemperaturen steigen. Wobei der Zeitraum 2020-2024 noch zu kurz ist für eine eigene Spalte. Eine exakte Auswertung müsste noch den Einzugsbereich aller Wetterstationen berücksichtigen, das wurde hier nicht erfasst.

Monat	1900-1929	1930-1959	1960-1989	1990-2019	2020-2024	Anstieg 1990
Winter	0,4 °C	-0,1 °C	0,2 °C	1,4 °C	3,6 °C	**3,2 °C**
Frühjahr	7,7 °C	7,9 °C	7,7 °C	8,9 °C	8,8 °C	**1,0 °C**
Sommer	16,0 °C	16,6 °C	16,3 °C	17,6 °C	18,5 °C	**2,5 °C**
Herbst	8,2 °C	8,8 °C	8,8 °C	9,3 °C	11,6 °C	**3,4 °C**
Mittel	8,1 °C	8,3 °C	8,2 °C	9,3 °C	10,6 °C	**2,5 °C**

Tabelle 2 –Mittelwerte Jahreszeiten

Herbst und Winter wurden am wärmsten, Frühjahr am wenigsten.

Wir haben auch den Eindruck, die Winter werden kürzer.

Wer nicht an der Seriosität dieser Zahlen zweifelt, bekommt es bestätigt, dass es wärmer wurde. Während die Jahresmittelwerte von 1900 – 1990 fast gleichblieben, stiegen sie seit 1990 stark an um 2,5 °C. Das ist sogar mehr, als es der DWD angibt, denn er nennt »nur« 1,8 °C seit 1990.

Es bleibt die Hoffnung, dass sich der Anstieg in den nächsten zwei Jahrzehnten wieder verlangsamt. Aber was, wenn nicht? Was, wenn man das hochrechnet auf 2050 und 2080?

Hier dürfte der Klimarat richtig liegen mit seinen Prognosen, denn dann wäre es im Jahr 2080 im Mittel 16,8 °C warm, das wäre südspanisches Klima von heute.

Die Prognosen werden hier im Buch ähnlich besorgniserregend gesehen wie vom Klimarat, nur ist der Auslöser ein anderer.

Angesichts dieser Zahlen muss man die Frage stellen: **Was, wenn es nicht am CO_2 liegt**? Es wäre geradezu fahrlässig, das nicht zu fragen!

Ginge es hier um einen akademischen Streit, wer die bessere Klimathese hat, wäre dieses Buch nicht entstanden. Aber es geht hier wirklich um viel.

Da müssen Befindlichkeiten und Eitelkeiten zurücktreten. Deshalb auch der teilweise scharfe Ton dieses Buchs, denn was nützt dieses kindische Revierverteidigen und Rechthabenwollen, wenn wir damit den Anstieg nicht in den Griff bekommen, weil wir an den falschen Stellrädern drehen?

Das ist ein ernstes Thema. Man mag an so manchen Tagen und Wochen den Eindruck haben, so stark habe sich das Klima nicht verändert. Aber die Zahlen zeigen etwas anderes.

Die Methodik des Buchs

Erwärmung ist eine technische Frage wie »*Warum kühlt ein Kühlschrank?*« oder »*Wie funktioniert eine Wärmepumpe?*«. Bei diesen Beispielen kämen kaum Emotionen oder persönliche Meinungen ins Spiel. Die sollten wir auch beim Klima weglassen, weil das nichts bringt.

Es ist wichtig, sich dem Thema langsam zu nähern, um mehr zu erfahren. Dazu gehört auch, den Mechanismus zu besprechen, aus dem der Treibhauseffekt abgeleitet wird. CO_2 und Wasser H_2O reagieren auf bestimmte Frequenzen der Wärmestrahlung. Somit war es richtig und sinnvoll, dem nachzugehen. Es wäre fahrlässig gewesen, das nicht zu tun. Aber ab einem gewissen Punkt hätten die Verfasser tiefer einsteigen müssen.

Zum Absorbieren und Emittieren gehört auch eine Wärmemenge. Man wird mit einem Teelicht keine Sporthalle erwärmen, obwohl die Flamme 1.000 °C heiß ist.

CO_2 hat nur einen Luftanteil von 0,04 %. Manche sagen, die Menge an CO_2 spiele keine Rolle. Wäre dem so, wäre es egal, ob 0,034 % oder 0,042 % CO_2 in der Luft sind.

Wenn CO_2 eine Wärmequelle sein kann, stellt sich zur Menge noch eine Frage: Wo hat es die Wärme her? Vom Boden. CO_2 fängt Wärmestrahlung ab und strahlt sie zurück. So die Meinung.

Doch CO_2 reagiert nur auf etwa 2 % der Bodenabstrahlung. Bei 0,042 % CO_2 und 2 % der Bodenabstrahlung: Wäre da mehr nicht Vorsicht geboten, bevor man daraus eine klimatisch relevante Wärmemenge ableitet? Damit sich die Erdoberfläche zusätzlich erwärmt, braucht es große Wärmemengen.

An welchem Punkt ist diese Treibhausthese - rein wissenschaftlich? Ist sie schon bewiesen? Nur eine Theorie? Oder noch weniger – nämlich nur eine These, also eine Idee? Oder wurde sie bereits zu einem Dogma, zu dessen Wesen es gehört, sich außerhalb der Wissenschaft zu bewegen und es sich zu verbitten, hinterfragt zu werden?

Diese hierarchische Einstufung Beweis – Theorie – These - Dogma ist auch keine Frage persönlicher Einschätzungen, sondern der Maßstab, mit dem man wissenschaftliche Arbeiten generell bewertet.

Es wird behauptet, die Gegenstrahlung ließe sich messen.

Die Messbarkeit eines Effekts ist wesentliche Voraussetzung einer These auf dem Weg zu einer Theorie.

Die renommierten Physiker vor über 100 Jahren formulierten Thesen, aus der dann die Quantenphysik wurde. Sie etablierte sich aber erst, als sich die Formeln – die es zuerst gab - durch wiederholbare, eindeutig zuordenbare Messungen bestätigt wurden. Das erst war der Durchbruch in der Physik.

Wie viel Wärme strahlen 1 m^2 Wand, Tisch oder Metallplatte ab? Dazu gibt es die Formel $Q = \sigma \cdot T^4$. Man braucht nur die Temperatur T, denn σ ist eine Konstante.

Gibt man 16 °C (289 Kelvin) in die Formel ein, ergeben sich 396 W/m^2. Manchmal wird das noch mit einem Korrekturfaktor ε = z. B. 0,95 reduziert. Dann wurde gemessen und siehe da: Die Oberfläche strahlt genau das ab. So geht Physik.

Haben Treibhausgase als Gesamtes eine Oberfläche?

Nun wird behauptet, die Treibhausgase strahlen 342 W/m^2 zum Boden. Das entspräche 5,7 °C. Aber wo ist die abstrahlende Fläche? Anders als eine richtige Platte kann man die Gasoberfläche weder sehen, anfassen noch weiß man, wo genau sie sich befindet.

Trotzdem wird gesagt, diese Gasoberfläche strahle 342 W/m^2 ab. Schon die Angabe m^2 ist interessant, denn wie viele Quadratmeter hat CO_2 im Vergleich zur Erdoberfläche? Genauso viele?

Laut Treibhausthese ja, denn der Boden strahlt 398 W/m^2 in den Himmel und der strahlt 342 W/m^2 zurück. Das geht nur, wenn beide Oberflächen gleich groß sind. Ist das immer noch Physik?

Werden Verfechter der Treibhausthese mit diesen Aussagen konfrontiert, schwenken sie meist um und sagen sinngemäß: »*Diese Moleküle sind keine wirkliche Fläche, man nimmt das nur an. Das sei ja nur ein Modell.*« Nun ja, entweder es gibt eine reale Oberfläche oder es gibt keine. Dann hilft ein Modell auch nichts.

Es wird behauptet, die Gegenstrahlung ließe sich messen. Die Kapitel 2.1, 2.7 und 2.8 gehen dem seriös nach. Das Ergebnis dürfte sehr überraschen, denn Pyrgeometer messen keine Gegenstrahlung, auch wenn das behauptet wird. Ebenso ist die Behauptung falsch, ohne den Effekt wäre es -18 °C kalt auf der Erde.

Spektroskopie

Das Einzige, was man bei gewissen Gasmolekülen gesichert weiß ist, dass sie auf gewisse Wellenlänge der Wärmestrahlung ansprechen.

Diese Fähigkeit ist die Grundlage der Spektroskopie, einem anerkannten Verfahren, um beispielsweise kleine Materialproben zu untersuchen. Jedes Molekül (nicht nur Gase) hat eine Art Fingerabdruck, weil es auf spezielle Strahlung reagiert. Das sind Labormessungen aus geringer Distanz. Dabei wird keine Wärme gemessen, sondern eben Spektrallinien. Das ist alles, was die Verfasser der Treibhausthese an Fakten hatten. Also haben sie diese Laborerkenntnisse einfach auf eine 12.000 m Luftschicht übertragen.

Es wurden Modelle entwickelt und dazu programmierte Software. Sie beinhalten als Grundannahme, dass es im Mittel 342 W/m^2 Gegenstrahlung gibt. Sie beweisen diese Gegenstrahlung nicht, sondern gehen davon aus. Durch einige Variablen können dann aus 342 W/m^2 330 oder 350 werden, aber niemals null. Weil das in den Modellen nicht vorgesehen ist. Es wäre auch ungeschickt, ein Modell aufzustellen, das die eigene These widerlegt.

Spektrallinien aus dem Labor, die sich auf wenige Millimeter Abstand zeigen, auf 12.000 m Luft zu übertragen, ist auch deshalb interessant, weil im Labor ja ein wirkliches Material angestrahlt wird.

Von einem Gerät aus werden gewisse Wellenlängen auf das Material gesendet und das reagiert darauf. Beim Treibhauseffekt ist das anders: Da strahlt der Boden Infrarot ab und die Luft reagiert angeblich darauf. Das ist ein kleiner, aber wesentlicher Unterschied. Im Grunde werden CO_2 & Co. Eigenschaften wie einem Spiegel nachgesagt.

Spektroskopische Erkenntnisse auf das Klimasystem zu übertragen, ähnelt dem Versuch, mit einer Personenwaage das Gewicht unserer Atmosphäre zu ermitteln. Im Grunde ist der Versuch bereits peinlich.

Sind die Gasmoleküle eine Art winzige Spiegel?

Der Boden strahlt 398 W/m^2 ab -davon kommen 342 W/m^2 wieder zurück. Das wäre eine Rückstrahlquote von 86 %. Nicht schlecht für einen Spiegel, den man nicht sieht, der nur ca. 0,2 % Material besteht (CO_2 und Wassermoleküle H_2O). Außerdem reagieren diese 2 Moleküle nur auf einen kleinen Teil der 398 W/m^2 des Bodens.

Dass trotz der geringen Konzentration dann 342 zurückkommen, mag eine faszinierende These sein, nur ist das weder Physik noch Mathematik, weil es auch rechnerisch nicht funktioniert. Zumal: Wenn diese Treibhausgase 342 W/m^2 zum Boden strahlen, dann strahlen sie auch 342 in den Weltraum – wenn man eine Oberfläche unterstellt. Dann wären es bereits 684.

Bleibt die Bodenabstrahlung in den Treibhausgasen stecken?

Unterstellt man keine Oberfläche und auch keine Spiegelwirkung, dann bleibt die Bodenabstrahlung in diesem »Gasnebel« stecken, kommt nicht mehr weiter und 342 kehren um. Nur müssten sie auf ihrem Rückweg ja wieder steckenbleiben, zumal die Luft Richtung Boden dicker wird. Ist das alles noch Physik?

Was bedeutet Falsifizierbarkeit einer These?

Was bedeutet das? Drei Beispiele:

- »*Alle Schwäne sind weiß.*« Diese Aussage ist falsifizierbar, denn findet man *einen einzigen schwarzen Schwan*, ist die Aussage widerlegt.
- »*98 % aller Schwäne sind weiß.*« Da wird es schon aufwendiger.
- »*Ein Geist lenkt das Klima.*« Diese Aussage ist nicht falsifizierbar, denn sie entzieht sich jedem Test.

Das Beispiel mit dem Geist soll nur zeigen, ab wann etwas sicher nicht mehr falsifizierbar ist.

Die Treibhausthese lautet im Kern: Mehr CO_2 – mehr Temperatur, alles andere bleibt gleich. Das klingt prüfbar. Aber sobald jede Abweichung anderen Einflüssen zugeschrieben wird, ist sie nicht mehr testbar.

Die CO_2-Wirkung ließe sich isoliert nur unter Laborbedingungen oder durch extrem langfristige Trends prüfen. Doch in realen Klimadaten treten ständig Störfaktoren auf: Aerosole, Wolken, Sonnenzyklen, Ozeanzyklen, Wasserdampf – und allem voran die von uns Menschen freigesetzte Wärme.

Es geht nicht darum, dass die Verfasser ihre These beweisen müssen. Das funktioniert bei komplexen Zusammenhängen praktisch nie und ist auch nicht erforderlich.

Aber ist diese These näher beim *Geist, der das Klima lenkt,* oder näher *beim weißen Schwan?*

Wenn sich eine These der Falsifizierbarkeit entzieht, stellt sie sich außerhalb der wissenschaftlichen Methodik. Genau das hätte vor 35 Jahren überprüft werden müssen – bevor daraus Politik gemacht wurde.

Wissenschaft ist eine hohe Errungenschaft-ihr muss man vertrauen können. Dazu gehört die Einhaltung gültiger Regeln. Was an der Treibhausthese neben ihrem Inhalt irritiert, ist die Art, wie sie sich an allen Regeln der Wissenschaft vorbei an die Spitze gesetzt wurde und seitdem vor jeder Form von Kritik abgeschottet wird.

Viele Menschen übernehmen diese These, ohne die Klimaberichte je gelesen zu haben – und verwenden trotzdem Begriffe wie *Leugner* oder *Skeptiker* zur Ausgrenzung. Beim Klima erinnert das bisweilen an ein Mittelalter mit Internetanschluss.

Das Undenkbare

Was, wenn der Klimawandel nichts mit CO_2 zu tun hat – weil das physikalisch ausgeschlossen ist? Der Gedanke allein reicht schon, um Spott oder Empörung auszulösen. Warum eigentlich? Aus Angst vor der Wahrheit – oder einfach, weil Hinterfragen nervig und unbequem ist?

Das Buch setzt sich inhaltlich mit dem Treibhauseffekt auseinander und das Überraschende ist: Die enorm hohe Gegenstrahlung wurde nicht wegen der Physik eingeführt – sondern wegen eines Rechenfehlers in der Energiebilanz: 398 W/m^2. Das wird im nächsten Kapitel besprochen.

Absicht dieses Buchs war nicht primär, den Treibhauseffekt zu widerlegen. Das war nur ein Nebeneffekt einer sachlichen Analyse. Viel wichtiger ist die Frage: **Woher kommt die heutige Erwärmung wirklich?**

Eine mögliche Antwort lautet:

- Wir setzen zusätzliche Wärme im Klimasystem frei. Fakt.
- Die Bewölkung über den Industrienationen nimmt ab. Fakt.
- Weniger Bewölkung bedeutet mehr direkte Sonnenstrahlung. Fakt.
- Und es wird vor allem in den Industrienationen wärmer. Ebenfalls Fakt.

Diese Punkte sind messbar, keine Spekulation. Beispiel Deutschland: Seit 1990 ging die Bewölkung um 18 % zurück – mit messbar mehr Sonnenstunden. Quelle: *Deutscher Wetterdienst DWD*. Mehr Sonne auf den Boden bedeutet: Der Boden wird wärmer. Eine solche plausible Alternative hat bisher gefehlt, obwohl sie offensichtlich ist.

Dass Debatten oft hitzig werden, liegt nicht nur am Thema, sondern an der Zeit: Viele Menschen empfinden eine wachsende Ungleichheit, Ohnmacht, Spaltung. Das Klima – im übertragenen und wörtlichen Sinn – ist aufgeheizt.

Was wäre so schlimm daran, diese Treibhausthese nur nach den Maßstäben wissenschaftlicher Arbeit zu prüfen? Für die seriöse Wissenschaft wäre das ein Gewinn, für Politik und große Teile der Medien allerdings eine heikle Sache: Entweder halten sie weiterhin stur an der These fest – und riskieren den Eindruck, dass das Klima zweitrangig ist. Oder sie gestehen Versäumnisse ein – und müssen sich unangenehme Fragen gefallen lassen.

Eine öffentliche Diskussion würde viel Staub aufwirbeln. Aber das könnte auch Energien freisetzen, wenn wir das Klima ohne CO_2 betrachten könnten. Die Klimaforschung hat wichtige Erkenntnisse geliefert, aber was nützt das, wenn alles dem CO_2 zugeschoben wird?

Wollen wir es immer wärmer werden lassen,
ohne diese Treibhausthese je ernsthaft zu überprüfen?

Gibt es Anzeichen, dass die CO_2-fixierte Klimapolitik irgendetwas erreicht hat? Hier ließe sich einwenden, dass immer mehr Menschen auch immer mehr Energie brauchen. Das stimmt natürlich. Aber derzeit wird Energie in gut und schlecht eingeteilt: Wird CO_2 freigesetzt, ist sie schlecht, ansonsten ist sie gut.

Mit dem Rückgang der Bewölkung liegt nun eine weitere These vor. Sie muss natürlich dieselbe Prüfung überstehen wie die Treibhausthese. Nur hat sie einen enormen Vorteil. Wolken kann man sehen und messen.

Auch in diesem Buch wird Energie in *gut* und *schlecht* eingeteilt, aber anders. »Gute« Wärme ist bereits im Klimasystem, »schlechte« kommt von außerhalb. Konkret aus der Tiefe der Erde.

Ein System erwärmt sich nur durch zugeführte Wärme von außerhalb. Das ist eine Grundregel der Thermodynamik.

Es ist egal, ob wir Öl, Gas, Kohle - Geothermie, Kernenergie, Wasserstoff und Pflanzenöl nutzen. Letztere sind zwar Teil des räumlichen Klimasystems, werden aber umgewandelt von latent in aktiv. Vereinfacht gesagt: Die Natur hätte diese Wärme freiwillig nicht ins Klimasystem gegeben.

Wie gesagt: Das ist auch nur eine These. Aber eine plausible – und eine, die zur Physik passt.

Verweis auf Studien

Um dieses Buch übersichtlich und zugänglich zu halten, wurde weitgehend auf ausführliche Darstellungen aktueller empirischer Studien, auf Modellvergleiche etablierter Klimasimulationen sowie auf tiefgehende Erklärungen zu Prozessen wie spektraler Absorption, Emission oder Konvektion verzichtet. Viele dieser Arbeiten wurden jedoch im Rahmen der Recherche eingesehen und inhaltlich berücksichtigt.

Ein Beispiel ist die Studie *Observational Assessment of Changes in Earths Energy Imbalance*. Sie zeigt, dass sich die Energiebilanz der Erde zwischen 2001 und 2010 von 0,5 ± 0,2 W/m^2 auf 1,0 ± 0,2 W/m^2 im letzten Jahrzehnt nahezu verdoppelt hat. Hauptursache ist eine Zunahme der absorbierten Sonnenstrahlung um 0,9 ± 0,3 W/m^2 – nur teilweise ausgeglichen durch eine um 0,4 ± 0,25 W/m^2 erhöhte langwellige Abstrahlung.

Genau diesen Punkt greifen die Kapitel 1.7 und 4.1 auf: Dieses Buch geht davon aus, dass der beobachtete Klimawandel wesentlich durch verstärkte Sonneneinstrahlung verursacht wird – infolge zurückgehender Bewölkung.

Während sich die genannte Studie auf globale Mittelwerte stützt, richtet sich hier im Buch der Fokus auf die Industrienationen.

Dort fällt der Rückgang der Bewölkung besonders stark aus. Statt nur rund 1 W/m^2 wie im globalen Mittel, wird dort ein Anstieg der eingestrahlten Sonnenenergie um etwa 6 W/m^2 beobachtet. Nur hat das nichts mit CO_2 zu tun, das sieht auch die Studie so.

Der Klimabericht und die Buchführung

Stellen Sie sich vor, Sie bekommen die Heizkostenabrechnung für das letzte Jahr. Für 200 m² Fußbodenheizung (Erdgasheizanlage) sollen Sie 83.000 € zahlen. Für ein ganz normales Haus. Klingt das plausibel?

Oder ein Ernährungsberater behauptet: »Sie müssen täglich 20.000 kcal essen, um den Wärmeverlust ihres Körpers auszugleichen.«

Klingt absurd? Stimmt.

Für das Klimamodell wird genau so gerechnet. Da strahlt der 16 °C warme Erdboden pro Stunde 398 W/m² ab. Hochgerechnet auf 365 Tage und 24 Stunden ergeben sich umgerechnet 83.000 € und 20.000 kcal.

Die Rechnung stimmt – und ist trotzdem unbrauchbar. Denn: Die Nettoleistung ist entscheidend, nicht die Bruttostrahlung. Für ein Haus mit 200 m² Bodenfläche und 24 °C Oberflächentemperatur ergibt sich eine reale Heizlast von etwa 18 W/m² – also rund 2.000 € Heizkosten im Jahr.

Haben Sie die unten gezeigte Grafik vorher schon einmal gesehen?

Wenn nicht: Warum eigentlich nicht? Medien, Schulbücher – sie hätten sie längst in jede Klimaberichterstattung einbauen müssen.

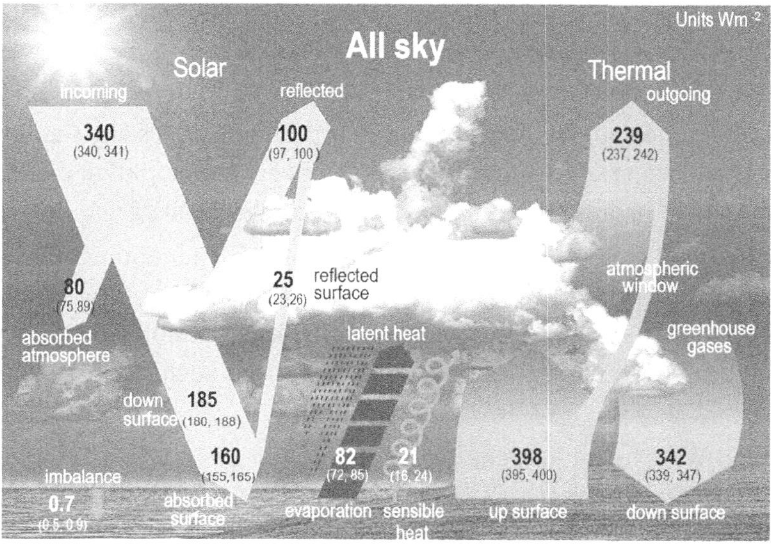

Abbildung 1 - Titel: Global mean energy budget under present day climate conditions. Verfasser: Trenberth und Kiehl

Diese Grafik aus dem jüngsten IPCC-Bericht (*AR6, Arbeitsgruppe I, Kapitel 7, Abbildung 7.2*) bringt das Herzstück des gesamten Klimamodells auf den Punkt: die globale Strahlungsbilanz. Sie ist die grafische Grundlage der sogenannten Treibhausthese.

Betrachten wir den unteren Teil der Darstellung, konkret die Zahlen, die den Energiefluss am Boden betreffen – in Watt pro Quadratmeter:

- Die Sonne liefert (links) **160** auf den Boden – im globalen Mittel.
- Davon werden **82** für die Verdunstung von Wasser verwendet,
- **21**, damit sich die bodennahe Luft am Boden erwärmt.
- Zum Erwärmen des Festlands und der Ozeane bleiben nur noch **57**.
- Doch der Boden strahlt **398** ab.

57 rein, 398 raus? Das geht nicht auf. Also hat man die fehlenden 342 durch einen zusätzlichen Pfeil ergänzt – die sogenannte *Gegenstrahlung*.

Diese 342 W/m^2 erreichen den Boden – sie wirken nicht diffus irgendwo in der Atmosphäre, sondern gezielt auf den Boden, mit einem Pfeil markiert, der bis zur Erdoberfläche reicht. Beschriftet mit *»Down surface«*. In der Buchhaltung wäre das ein zusätzlicher Geldeingang, der das Konto ausgleicht.

Verfechter des Treibhauseffekts erwidern sinngemäß:

»Die 342 W/m^2 Gegenstrahlung werden nur als Bilanzgröße geführt –nicht als direkt wirkende Energiezufuhr wie die Sonne, sondern als Teil eines stationären Flusses innerhalb des Systems.«

Das sind genau solche widersinnigen Argumente, die es zur Genüge gibt. Hier wird suggeriert, in einer Bilanz gäbe es echte und fiktive Zahlen. Gibt es aber nicht in einer Bilanz. Alle Zahlen sich gleichrangig.

Der 342-Pfeil geht bis in den Boden – wie der Pfeil der Sonne. Hier geht es noch gar nicht um Physik, sondern um etwas Banales: Eine Bilanz geht nicht auf. Es fehlen 342 und so fügt man ein fiktives Konto ein. Was würden Steuerprüfer dazu sagen? Oder das Finanzamt, das auch juristisch vorgehen kann?

Die 398 W/m^2 sind korrekt, wenn der Boden 16 °C warm ist. Die sogenannte *Stefan-Boltzmann-Gleichung* ermittelt, wie viel Strahlung eine Fläche bei gegebener Temperatur abgibt. Doch genau hier beginnt das Problem.

Wenn die Erde von der Sonne nur 57 W/m^2 erhält – der Rest geht für Verdunstung, Luftaufheizung und Reflexion verloren – dann fehlt schlicht die Energie, um dauerhaft 398 W/m^2 abstrahlen zu können.

Also braucht es einen »Ausgleichsposten«. Das stimmt auch. Nur ist das keine Gegenstrahlung. Die Grafik nennt sich »*Energy Budget*«, also sinngemäß *Energiehaushalt*. Sie ist eine buchhalterische Darstellung des Klimasystems. Das ist nicht zu beanstanden. Auch globale Mittelwerte sind methodisch zulässig. Aber es fehlt etwas Wesentliches in dieser Bilanz:

Es fehlt der Anfangsbestand an Wärme!

Jede Bilanz muss einen Anfangsbestand enthalten, es sei denn, es gibt keinen. In dieser Klimabilanz fehlt dieser Posten. Als würde man bei der Bilanz eines Unternehmens den vorhandenen Lagerbestand oder das Kapital ignorieren. Eine solche Bilanz würde als fehlerhaft zurückgewiesen – zu Recht.

Die Erde ist kein neu gegründetes Unternehmen. Sie existiert seit Milliarden Jahren – und sie war nie »leer«. Ganz im Gegenteil: Der Planet war bei seiner Entstehung wohl ein glühend heißer Ball, über Jahrmillionen ist er langsam abgekühlt. Das Klimasystem liegt auf einem warmen und thermisch trägen Untergrund auf, der auch nachts eine hohe Temperatur hält - zum Beispiel 12 °C morgens, vor dem ersten Sonnenstrahl.

Diese gespeicherte Wärme wurde in der Bilanz nicht berücksichtigt.

Zur Klarstellung: Gemeint ist hier nicht der Wärmestrom aus dem Erdinneren selbst – dieser ist aufgrund der enormen Gesteinsdicke von rund 6.371 km vernachlässigbar klein. Er beträgt laut Wärmestromformel gerade einmal:

$$q = \lambda \cdot \Delta T/d = 1{,}0 \cdot 5500/\ 6.371.000 \approx 0{,}0009\ W/m^2$$

Aber genau deshalb ist es umso wichtiger, die Wärme, die bereits vorhanden ist, in der Bilanz zu erfassen. Der Boden hat eine Temperatur – nicht weil er ständig von unten beheizt wird, sondern weil er Energie speichern kann. Vor allem die Ozeane. Das Klimasystem hat einen enormen Wärmespeicher, der sehr träge ist. Täglich nachgefüllt durch die Sonneneinstrahlung.

Die gespeicherte Wärme muss in der Bilanz enthalten sein. Darüber dürfte es eigentlich keine zwei Meinungen geben. Die Verfasser meinen, das könne man alles weglassen, weil das nur eine stationäre Strahlungsbilanz sei. Sie verkennen dabei, dass »Strahlung« nur ein Konto einer Bilanz sein kann. Ein Konto ist keine Bilanz- und eine Bilanz ist immer stationär.

Abbildung 2 zeigt: Man müsste an der Grafik fast nichts ändern. Nur die Gegenstrahlung wird zum Anfangsbestand umgebucht. Aus den 160 Sonne wurden 163 (weniger Wolken), aus 100 Reflexion der Wolken 97.

Diese Bilanz geht nun auf – ganz ohne Treibhaus. Eine in sich energetisch konsistente Darstellung.

Nicht die Zahl 342 ist falsch – sondern ihre Interpretation.

Die Verfasser des Klimamodells müssten erklären, warum sie den Anfangsbestand an Wärme weglassen. Der Hinweis, dass das ja nur eine Strahlungsbilanz sei, wurde schon besprochen. Der zentrale Denkfehler:

Das Klimasystem lebt davon, dass es Wärme speichert – sonst gäbe es keine mittleren Temperaturen, sondern starke Tag-Nacht-Extreme.

Wenn es nachts um ca. 10 °C abkühlt, muss die Sonne am nächsten Tag nur diesen Verlust wieder ausgleichen. Das schafft sie mit 57 W/m². Mehr muss nicht nachgeliefert werden. Die Temperatur bleibt dadurch im Gleichgewicht. Weitere 342 W/m² würden unser Klima unerträglich heiß werden lassen.

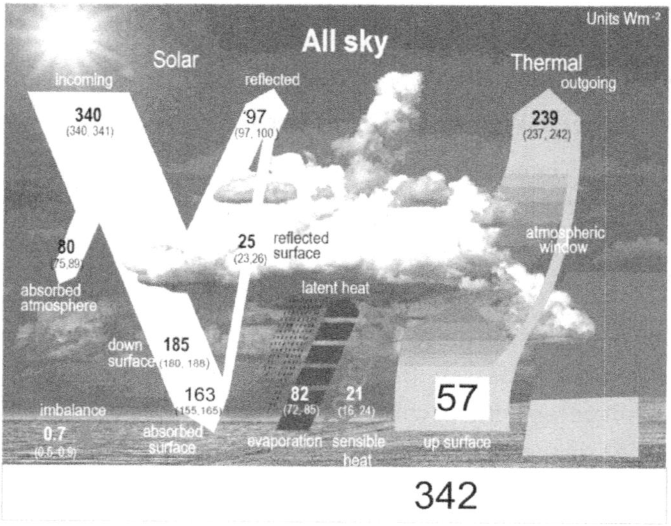

Abbildung 2 - Bearbeitete Version der Energiebilanzgrafik des IPCC aus dem 6. Sachstandsbericht (AR6), Arbeitsgruppe I, Kapitel 7, Abb. 7.2 (IPCC, 2021). Die Grafik wurde inhaltlich angepasst - Quelle: modifiziert nach IPCC, AR6 WG1, Fig. 7.2, © IPCC 2021, Lizenz: CC BY-NC-ND 3.0 IGO

Widersprüche in der Buchführung selbst

Selbst ohne große Physik zeigt ein Blick auf die Zahlen der Energiebilanz die Unlogik eines Treibhauseffekts: Er müsste nachts deutlich stärker wirken als am Tag – und über den Ozeanen stärker als über dem Festland.

45. Breitengrad	Global	Festland	Festland	Ozean	Ozean
W/m²		Tag	Nacht	Tag	Nacht
Sonne	340	680		680	
Reflexion Wolken	-75	-150		-150	
Absorbiert Atmosphäre	-80	-160		-160	
Reflexion Boden	-25	-50		-50	
Sonne am Boden	**160**	**320**		**320**	
Verdunstung	-82	-30		-120	
Erwärmung Luft	-21	-25	-17	-25	-17
Sonnenwärme Boden	**57**	**265**	**-17**	**175**	**-17**
Bodentemperatur	16 °C	22 °C	12 °C	20 °C	18 °C
Abstrahlung Boden	398	429	374	418	407
Treibhauseffekt	**342**	**164**	**391**	**243**	**424**

Tabelle 3a – Unterschiedliche Treibhauseffekte 45. Breitengrad in W/m²

Die Tabelle 3a zeigt, dass der Treibhauseffekt nachts etwa doppelt so stark wäre wie am Tag. In den Tropen gäbe es tagsüber sogar einen negativen Treibhauseffekt, siehe nächste Tabelle:

Tropen	Global	Festland	Festland	Ozean	Ozean
W/m²		Tag	Nacht	Tag	Nacht
Sonne	340	1.360		1.360	
Reflexion Wolken	-75	-300		-300	
Absorbiert Atmosphäre	-80	-320		-320	
Reflexion Boden	-25	-100		-100	
Sonne am Boden	**160**	**640**		**640**	
Verdunstung	-82	-40		-140	
Erwärmung Luft	-21	-25	-17	-25	-17
Sonnenwärme Boden	**57**	**575**	**-17**	**475**	**-17**
Bodentemperatur	16 °C	28 °C	12 °C	20 °C	18 °C
Abstrahlung Boden	398	465	374	418	407
Treibhauseffekt	**342**	**-110**	**391**	**-57**	**424**

Tabelle 3b – Unterschiedliche Treibhauseffekte rund um den Äquator in W/m²

Der Widersinn der IPCC-Logik wird somit noch offensichtlicher, sobald man die globalen Mittelwerte in Tageszeiten und Oberflächenarten aufteilt – also unterscheidet zwischen Tag und Nacht sowie Festland und Ozean. Der Treibhauseffekt müsste nachts am stärksten sein – obwohl gar keine Sonnenstrahlung eintrifft. Und über den Ozeanen müsste er deutlich höher ausfallen als über dem Festland – obwohl dort ein großer Teil der Sonnenenergie durch Verdunstung gebunden wird.

In den Tropen ergäbe sich tagsüber sogar ein negativer Effekt, was der Theorie jede Plausibilität nimmt. Das würde bedeuten, dass CO_2 & Co in den Tropen den Boden kühlen, tagsüber!

Nord- und Südpol	Global	Polartag	Polarnacht
W/m^2		Sommer	Winter
Sonne	340	460	
Reflexion Wolken	-75	-90	
Absorbiert Atmosphäre	-80	-90	
Reflexion Boden	-25	-80	
Sonne am Boden	**160**	**200**	
Verdunstung	-82	-10	
Erwärmung Luft	-21	-8	
Sonnenwärme Boden	**57**	**185**	
Bodentemperatur	16 °C	-2 °C	-30 °C
Abstrahlung Boden	398	305	180
Treibhauseffekt	**342**	**120**	**180**

Tabelle 3c – Unterschiedliche Treibhauseffekte in den Polargebieten in W/m^2

Genauso widersinnig ist es bei den Polargebieten.

Mögliche Einwände der Anhänger des Treibhauseffekts:

»Das ist kein realer Tagesverlauf, sondern ein globales Jahresmittel.«
Gegenargument: Wenn das Modell physikalisch korrekt ist, muss es auch bei Aufteilung nach Tag/Nacht sinnvoll bleiben. Physik ändert sich nicht durch Mittelwerte.

»Die Gegenstrahlung ist keine echte Wärmequelle, sondern ein Teil des Strahlungsgleichgewichts.«
Gegenargument: Sie ist als Energiefluss mit Pfeil in W/m^2 eingezeichnet, also muss sie sich wie Energie verhalten.

»Der Treibhauseffekt ist ein langfristiges Gleichgewicht, kein Momentanzustand.«
Gegenargument: Dann dürfte man ihn nicht mit konkreten Zahlen in W/m^2 und °C belegen, sondern müsste ihn als qualitative Tendenz beschreiben – was aber nicht getan wird.

»Die Atmosphäre emittiert Strahlung in beide Richtungen, deshalb gibt es eine Gegenstrahlung.«
Gegenargument: Gase haben keine Oberfläche mit definierter Emission. Die Anwendung von Stefan-Boltzmann auf volumenhafte Gasverteilungen ist physikalisch fragwürdig (siehe Planck, siehe Strahlungsphysik in optisch dünnen Medien). Wenn in beide Richtungen emittiert wird, gäbe es weitere 342 in den Weltraum – also insgesamt 684 W/m^2, die je zur Hälfte nach unten und oben abgestrahlt werden.

Eine physikalische Sensation? Oder eine Modellfiktion?

Gasmoleküle, die mehr Wärme abstrahlen, als die Sonne liefert? Das wäre eine physikalische Sensation. Doch dafür gibt es keine Primärquelle, keine experimentelle Bestätigung. Nur Modelle. Und Pyrgeometer-Messungen. Doch Pyrgeometer messen keine Gegenstrahlung aus dem Nachthimmel. Bis dahin bitte noch etwas Geduld für Kapitel 2.1.

So etwas hat es in der klassischen Wärmephysik noch nie gegeben. Kein Lehrbuch, kein Grundlagenpapier, kein Einstein, kein Planck. Jede neue Erkenntnis baut auf einer vorhandenen und bewiesenen auf. Doch hier wurde alles neu erfunden. Dennoch wird diese Gegenstrahlung als gegeben und sogar als wissenschaftlich nachgewiesen angesetzt.

Frage an die Wissenschaft: Wo ist die fundierte Fachpublikation, die dieses Phänomen erstmals beschreibt und experimentell belegt? Wer eine kennt, möge sie bitte nennen – mit Autor, Titel und Jahr.

Wer hat wann bewiesen, dass einzelne Gasmoleküle – zumal in einer so dünnen Konzentration (0,04 % CO_2) - dauerhaft gerichtete Wärmestrahlung auf eine wärmere Fläche senden – doppelt so hoch wie die direkte Sonnenstrahlung?

Wie viel Wärme strahlt der Boden ab?

Betrachten wir ein Haus mit 200 m^2 Fußbodenheizung. Gasheizung. Welche Heizkosten pro Jahr wären angemessen? 2.000 € oder 83.000 €?

- Mittlere Temperatur des beheizten Bodens: 24 °C = 297 K,
- 210 Heiztage (7 Monate) im Jahr,
- jeweils 16 Stunden am Tag.

	Winter	Sommer	
Fußbodenfläche beheizt	200	165	m^2
Heiztage	210		Tage
Stunden am Tag.	16		Stunden
Heizstunden	3.360	5.400	Stunden
Bodentemperatur	24	21	°C
Abstrahlung	441	424	W/m^2 pro Stunde
Wärmeleistung	296.000.000	458.000.000	Wh
	296.000	**458.000**	kWh
Preis 1 kWh Erdgas	0,11 €	0,11 €	
Heizkosten im Jahr	33.000 €	50.000 €	83.000 €

Tabelle 4– Fiktive Heizkosten mit 441 W/m^2 für 7 Monate

Gesamtkosten: 83.000 € im Jahr? Natürlich völlig absurd. Im Sommer wird zwar nicht geheizt, aber der Boden strahlt trotzdem Wärme ab.

Für die praktische Anwendung muss zweimal gerechnet werden. Lassen wir den Heizungsinstallateur ran, denn der weiß das:

		Boden	In Kelvin		W/m²
Fußbodenheizung	mit Heizung	24 °C	297		441
Fußbodenheizung	ohne Heizung	21 °C	294		424
Differenz					**18**
Fußbodenheizung	372	m²			
Anzahl Heizstunden	2.740	h			
Wärmeleistung	18	W/m²			
Jahresbedarf	**18.347**	**kWh**	nur Heizung	ohne Frischluft	
Mit Gas ca.	2.000 €	im Jahr			

Tabelle 5– Vereinfachter Energiebedarf für 372 m² Bodenheizung in einem Jahr

- Der Boden strahlt im Beispiel nur 18 W/m² netto (!) ab.
- Die ermittelten 2.000 € Heizkosten sind realistisch.

Wie viel Wärme strahlt die Erdoberfläche netto ab?

		Boden	in Kelvin	W/m²
Erdoberfläche	im Mittel	16 °C	289	398
Erdoberfläche	am Tag	22 °C	293	430
Erdoberfläche	nachts	12 °C	285	373
Differenz	**Tag/Nacht**		**430 - 373**	**57**

Tabelle 6 – Nettoabstrahlung der Erdoberfläche

Analog zur Fußbodenheizung strahlt die Erdoberfläche netto nur **57 W/m²** ab, und nicht 398 W/m².

Wie viel Wärme strahlt unsere Haut ab?

Ein weiteres anschauliches Beispiel, das wir am eigenen Leib erfahren:

- Unsere Haut strahlt bei 35 °C etwa 510 W/m² ab,
- Hautoberfläche 1,8 m²
- Wir strahlen pro Stunde 918 W Wärme ab.
- Am Tag wären das 24 · 918 = ca. 22.000 Watt.
- 1 Kilokalorie entspricht 1,162 Wh.

Wir müssten am Tag 22.000 W / 1,162 = ca. 19.000 kcal essen. Mahlzeit.

Die korrekte Formelanwendung lautet: $Q = \varepsilon \cdot \sigma \cdot (T_1^4 - T_2^4)$.

In die Energiebilanz wurde eine falsche Zahl eingefügt, nämlich 398 anstatt richtigerweise 57. Wer die 398 richtig findet, muss auch 83.000 € Heizkosten richtig finden. Das macht alles keinen Sinn. Und es geht noch weiter:

Beim Klima strahlen sich nach Angabe der Verfasser zwei Oberflächen gegenseitig an: Erdoberfläche und die Treibhausgase als fiktive Fläche. Was würde dabei passieren? Es würde sich eine mittlere Temperatur einstellen, die den Boden kälter machen würde, denn die CO_2-Oberfläche (die es nicht gibt) wäre kälter als der Boden.

Dass kälteres CO_2 den wärmeren Boden zusätzlich aufheizen kann und soll, widerspricht dem 2. Hauptsatz der Thermodynamik – und auch jeder Alltagserfahrung.

Hier wurde Wärme nicht verstanden. Das zeigt auch eine weitere gängige Interpretation:

»CO_2 hält Wärme zurück, sie kommt nicht mehr so schnell in den Weltraum. Der Boden kühlt dadurch langsamer aus.«

CO_2-Moleküle halten also Wärme auf. Wie lange? Eine Sekunde, 1 Tag? Bei 300.000 km pro Sekunde ist das Aufhalten eine anspruchsvolle Aufgabe. Ein Photon kann 25.000-mal pro Sekunde in 12 km Höhe und zurück. Es fehlt der Faktor Zeit. **Und eine verlangsamte Auskühlung wäre keine Erwärmung.**

Schon dieses Kapitel reicht aus, um die Treibhausthese zu widerlegen. Doch es bleiben noch einige Rechtfertigungsgründe der Verfasser. Allem voran zwei Thesen:

1. Ohne Treibhauseffekt wäre es -18 °C kalt.
2. Pyrgeometer messen die Gegenstrahlung.

Auch das wird widerlegt beziehungsweise widerlegen sich diese beiden Annahmen schon dadurch, dass man sie erklärt. Beides wird in eigenen Kapiteln ausführlich besprochen.

Diese Treibhausthese scheitert an sich selbst. Gäbe es diese 342, obwohl die Sonne nur 57 nachliefern muss, um die nächtliche Abkühlung auszugleichen, hätten wir am 45. Breitengrad (Turin) eine mittlere Temperatur von 63 °C.

Für die Soziologie ist das ein Lehrstück politischer Meinungsbildung – für die Wissenschaft ein Offenbarungseid der Logik.

TEIL 1 - VERSTÄNDNIS FÜR WÄRME

Hin und wieder lassen wir die Gedanken schweifen, blicken entspannt in den Himmel und auf einmal wird uns klar: Über uns ist nur der riesige, leere Weltraum mit einer Temperatur von -270 °C. Auf der Erdoberfläche sind es +16 °C.

Warum ist es auf der Erde so warm, obwohl direkt darüber der eiskalte Weltraum ist?

Weil wir auf dem Grund eines 12.000 m tiefen Luftsees leben! Wie Fische unter Wasser, nur dass Luft um den Faktor 800 leichter ist als Wasser. Die Sonne wärmt den Boden, die Luft erwärmt sich daran, steigt auf, fällt wieder herunter, um neu aufzutanken.

Nachts, wenn keine Sonne scheint, kühlt die Erde zwar etwas ab – aber nur um wenige Grad. Sie fällt bei Weitem nicht auf -270 °C. Weil der Boden und vor allem die Ozeane (die etwa 70 % der Erdoberfläche bedecken) Wärme speichern – und sie nur langsam wieder abgeben. Die Luft alleine ist es nicht.

Die Sonne muss tagsüber nur jene Wärme nachliefern, die nachts verloren ging.

Leben und Wärme

Hier im Buch geht es darum, wie sich das Klimasystem stärker erwärmen kann. Doch damit setzt man sich im Grunde erst mitten im Film in seinen Kinosessel, denn das Klima ist selbst nur Mittel zum Zweck. Der Zweck ist Leben. Das Schaffen eines lebensfördernden Umfelds. Dass wir Luft zum Atmen brauchen, ist nur ein Sonderfall, denn Fische brauchen Wasser und wer weiß, von was man sonst noch alles Leben erzeugen und erhalten könnte.

Leben braucht Wärme. Im Weltall gibt es keine Wärme. Wir sagen, dort sei es -273 °C kalt, also die tiefstmögliche Temperatur, die es in der Physik geben kann. Aber eigentlich ist es im All nicht kalt, sondern es ist –nichts.

Aber auch das stimmt nicht. Wir würden im Weltraum gegrillt werden, denn dort scheint immer die Sonne – außer im Schatten eines Planeten, was eher die Ausnahme wäre. Der Weltraum erscheint dunkel, obwohl er geflutet ist mit Sonnenstrahlung.

Das Kuriose an Strahlung: Sie bewirkt erst etwas, wenn sie auf eine Oberfläche trifft. Sobald Strahlung auf etwas trifft – etwa ein Messgerät –, ist sie weg. Sie ist dann Wärme oder Licht. Die Strahlung wurde umgewandelt.

Trotzdem ist es verständlicher, das Weltall als -270 °C kalt anzusehen, weil das All kein perfektes Vakuum ist. Dort kann kein Leben existieren, weil es keine Energie gibt. Wärme ist zuerst einmal eine Form von Energie. Das bedeutet: Moleküle schwingen. Bei -273 °C schwingt nichts mehr.

Wir bauen eine große Kugel, die einmal die Erde werden soll. Dass sich diese Erde mit ca. 1.600 km/h um die eigene Achse dreht und gleichzeitig mit 107.000 km/h um die Sonne rast, das lassen wir weg. Zu schwierig.

Wir brauchen Material. Sehr viel Material. Gestein und Erde. Dann hätten wir bereits den Mond nachgebaut. Was ihm fehlt, ist Wasser. Viel Wasser.

Wasser und Sonne

Ohne Wasser lässt sich kein einigermaßen gleichmäßiges Klima erzeugen. Wasser ist in vielerlei Hinsicht Lebenselixier, es ist auch der Grundbaustoff unseres Klimasystems. 71 % der Erdoberfläche sind mit Wasser bedeckt und Wasser kann die meiste Wärme speichern, je 1 °C Temperaturunterschied. Da kann kein anderes Material auf der Erde mithalten – mit Abstand nicht.

Wenn wir 1 Liter Wasser kochen, brauchen wir dazu dreimal so viel Energie, als wenn wir dieselbe Menge trockenes Material auf 100 °C erhitzen würden. Dafür bleibt das Wasser auch deutlich länger warm.

Wozu wir einen elektrischen Wasserkocher brauchen, das macht die Sonne in den Tropen ohne Strom. Wenn sie dort steil einstrahlt, würde sie die Wasseroberfläche tatsächlich zum Kochen bringen. Aber das geschieht nicht, weil ein Großteil dieser Sonnenenergie nicht gleich wärmt. Sie lässt zuerst die obersten Wasserschichten verdunsten.

Wasser brennt nicht. Es ist in vielerlei Hinsicht anders als andere Substanzen auf der Erde. Zum einen ist es flüssig, also keine Luft, aber auch kein Tisch. Wasser ist schwer (schwerer als Holz), aber die Moleküle sind lockerer miteinander verbunden, was das Flüssige ergibt.

Die Sonne löst die obersten Moleküle aus dem flüssigen Wasser. Das Molekül ist nun ein Luftmolekül. Es ist sehr leicht und fliegt nach oben.

Angenehmer Nebeneffekt: Wenn Wasser verdunstet, und sei es aus der schmutzigsten Pfütze, sind die Dampfmoleküle hinterher klinisch rein. Nur Wasser (H_2O).

Diese jetzt gasförmigen Wassermoleküle steigen auf, bilden Wolken und regnen wieder herunter. Seit Urzeiten zirkuliert dasselbe Wasser und ist doch immer frisch durch den reinigenden Prozess der Verdunstung.

Latente Energie - Einstein und Benzin

Wassermoleküle sind miteinander verbunden, aber nicht so stark wie bei festem Material. Hier ist die Molekülverbindung enorm, sonst wäre ein Tisch kein Tisch, sondern würde sich bei der geringsten Berührung in Pulver auflösen. Auch das geht, nur müssten wir ihn anzünden.

Die hohe Energie an einer kleinen Stelle löst zuerst nur wenige Moleküle (sichtbar an der gelben Flamme), dann geht es automatisch weiter. Diese kleine Flamme ist das Feuerzeug für ihre Molekülnachbarn und so entzündet sich am Ende das gesamte Holz wie das sprichwörtliche Lauffeuer.

In der Erde ist unvorstellbar viel Energie. Eine davon ist die Bindungsenergie von Molekülen. Sie beträgt zum Beispiel bei Benzin 12,5 kWh/Liter. Beim Verbrennen wird diese Bindungsenergie frei und erzeugt Wärme.

Doch es gibt noch mehr Energie. Darauf kam Albert Einstein mit seiner berühmten Formel $E = m \cdot c^2$. Danach ist in 1 Liter Benzin 1,5 milliardenfach mehr Energie, wenn sich seine Masse vollständig in Energie umwandeln ließe.

Das ist die Energie, die Atome zusammenhält. Diese Energiemenge sprengt jede Vorstellungskraft. Sie wird im Alltag nicht frei – oder nur in winzigen Mengen, zum Beispiel beim Zerfall schwerer Elemente in Gestein. So entsteht das berüchtigte Radon im Keller: ein schwaches Echo dieser im Planeten ruhenden Energie.

Energie, die nicht frei wird, nennt man latente Energie. Die Erde ist voll davon. Das Umlaufvermögen an Energie ist im Vergleich dazu winzig.

Unser Klimasystem ist ein Fingerhut der Energie, die in der Erdkugel steckt. Das reicht für ein lebenswertes Klima. Weil es relativ gesehen so wenig Energie enthält, reichen kleine Mengen, um das Klimasystem zu stören.

Die Wärmelogistik im Klimasystem

Die ozeanischen Wassermassen haben zwei Aufgaben: Sie liefern reichlich Niederschlag rund um den Erdball – und sie transportieren enorme Mengen an Wärme. Das Wasser, das sich im Sommer in den tropischen Ozeanen stark erwärmt, bringt diese Wärme Monate später nach Norden und Süden. Nur deshalb haben wir auf der Nordhalbkugel (auch auf der Südhalbkugel) das lebenswerte Klima. Ohne diese Zeitverzögerung wäre die halbe Erde im Winter nicht bewohnbar, weil etwa -50 °C kalt.

Zudem ist die Erdkugel in eine etwa 12.000 m dicke Luftschicht eingehüllt. Die Luft kann nicht ansatzweise so viel Wärme transportieren wie Wasser, dafür ist sie schneller.

Die Luft ist allerdings nur ein passiver Begleiter, weil sie von der Sonne nicht direkt erwärmt wird. Sie erwärmt sich am Boden, steigt auf und strömt dorthin, wo naturgesetzlich jede Wärme hinströmt: Dorthin, wo es kälter ist. Das gilt ausnahmslos und ist deshalb einer der Grundsätze von Wärme: **Wärme strömt netto immer vom Warmen zum Kalten,** niemals andersherum.

Die bodennahe Luft tankt an den heißen Festland- und Ozeanflächen der Tropen auf und bringt diese Wärme nach Norden oder Süden. Ziel Nordpol oder Südpol.

Wenn die Ozeane die großen Wärmesattelschlepper und Güterzüge sind, dann sind die Luftmoleküle die Fahrradkuriere: Schnell und wendig, aber sie können wenig transportieren.

Ozeane und Luft sind die Logistikunternehmen der globalen Wärme. Ohne sie hätten wir ein Klima ähnlich wie auf dem Mond. Am Tag am Äquator 130 °C heiß und Richtung Norden oder Süden nachts – 170 °C kalt. Im Mittel -20 °C. So viel zur Aussagekraft von Mittelwerten.

Dem Mond fehlt nicht die Speichermasse des Festlands, denn die hat der Mond auch. Ihm fehlt vor allem das Wasser und sein Begleiter, die Luft. Man kann das Klima nicht verstehen ohne die herausragende Bedeutung dieser beiden Protagonisten.

Natürlich ist die Sonne wichtig. Sehr wichtig sogar, weil sie die Ozeane und das Festland in ihren oberen Schichten täglich mit der Wärme versorgt, die sie nachts verlieren.

Die Sonne hält den Energiemotor am Laufen. Die Sonne muss jeden Tag nur das nachliefern, was die Erdoberfläche in den Weltraum abstrahlt, vor allem nachts. Besser gesagt: Die Temperatur der Erdoberfläche ergab sich aus der Sonneneinstrahlung.

Will man über das Klima reden, muss man über die Ozeane und die Luft reden. Nur leider liegt der Fokus derzeit ganz woanders: Es wurde entschieden, sich nur Spurengase der Luft anzuschauen, allem voran 0,04 % CO_2.

Von all dem, was hier in aller Einfachheit beschrieben wird, liest man im Klimabericht des Klimarats nichts. Wärme speichernde Ozeane als Klimamotor? Wird in dieser Form mit keinem Wort erwähnt. Wärmespeicher Luft? Auch nicht. Anfangsbestand an Wärme? Kommt nicht vor im Klimabericht.

Detektivspiel mit der Wärme

Stellen Sie sich vor, in Ihrer Wohnung ist es in 30 Jahren wärmer geworden. Die Heizung läuft wie immer, sie meldet keine Störung, alles in Ordnung. Aber in den Räumen ist es 1,5 °C wärmer als vor 30 Jahren. Sie gehen die Punkte der Reihe nach durch:

- Hat sich etwas am Gebäude verändert? Nein.
- Am Heizsystem? Auch nicht.
- An der Energiezufuhr? Nicht sichtbar.
- Alles wie seit 30 Jahren.

Dann kommt Ihnen ein Gedanke:

- Vielleicht kommt die zusätzliche Wärme gar nicht aus dem Heizraum.
- Vielleicht kommt sie von außen.
- Vielleicht hat sich die Grundtemperatur verschoben.
- Vielleicht sind die 1,5 °C gar kein Heizproblem.

Die erste Erkenntnis kann sein: Wenn sich im Haus etwas ändert, muss dieser **Auslöser von außerhalb** kommen. Ein Haus wird nicht »einfach so« wärmer.

Der Grund für die Wärme liegt weder am Haus noch am Heizkessel. Was, wenn sich die Umgebung erwärmt hat? Das würde die Heizung merken – sie reagiert schließlich auf die Außentemperatur. Das kann es also auch nicht sein.

Es wurde nicht über Nacht um 1,5 °C wärmer, sondern im Lauf von 30 Jahren. Nur 0,05 °C pro Jahr. Das merkt man nicht. Aber Sie führen seit 30 Jahren genau Buch, wie der Wetterdienst. Pro Jahr so wenig, dass es unter der Wahrnehmungsschwelle liegt, aber eben 1,5 °C in 30 Jahren. Sie denken darüber nach und Ihnen kommt eine Idee:

Sie haben mehr Elektrogeräte im Haus und die geben Wärme ab.

Aber das widerspricht doch dem Grundsatz von oben:

- Ein Haus wird nicht »einfach so« wärmer.
- Kein System erwärmt sich von allein.

Jetzt sind wir am Punkt, denn es geht nicht um Physik, sondern um eine gedankliche Ordnung.

So viele Elektrogeräte waren vor 30 Jahren nicht Teil des »Systems Haus«. Das System wurde erweitert, aber was noch wichtiger ist: Der Strom für diese Geräte kommt von außerhalb des Systems.

Sie haben in den 30 Jahren vermutlich auch mehr Möbel angeschafft, die Räume sind dichter möbliert. Aber Möbel machen keinen Raum wärmer – sie verändern nur das Aussehen, nicht die Temperatur.

Wenn Sie diesen Unterschied verinnerlichen, sind Sie bestens gerüstet für ein tiefes Verständnis des Klimawandels.

1.1. Die Ozeane

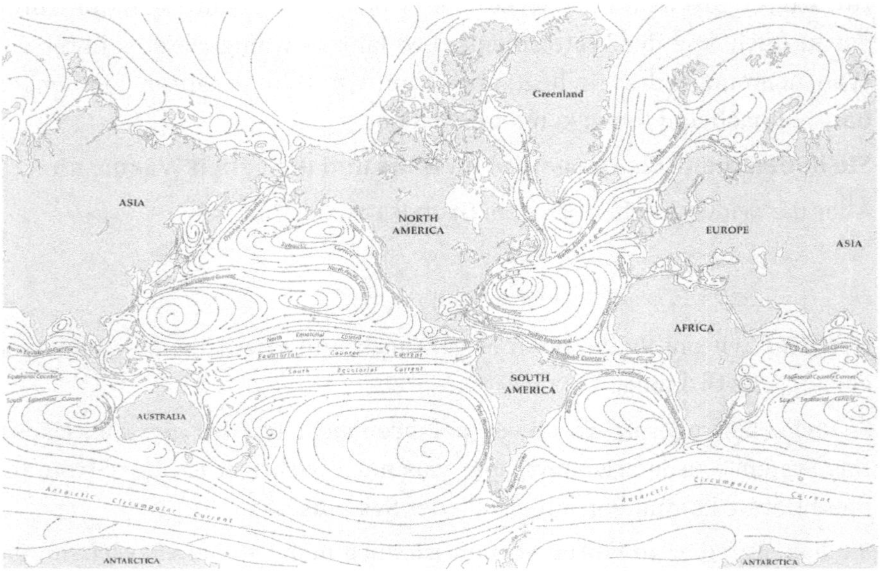

Abbildung 3 – Bild Rainer Lesniewski

In 360 Millionen km^2 Ozeanen sind ca. 1.340.000.000 $km^3 = 1{,}34 \cdot 10^{18}\ m^3$ Wasser. Das entspricht einer mittleren Wassertiefe von 3.700 m. Die darin gespeicherte Wärme ist enorm. Angenommen, die Sonne würde ein Jahr nicht scheinen, dann würden die Ozeane rechnerisch nur um 0,5 °C abkühlen.

Ein Großteil dieser Wärme ist jedoch in den Tiefen der Ozeane gespeichert. Erst wenn sich das Klima langfristig verändert, würden die Tiefen der Ozeane darauf reagieren.

Im Meer zirkulieren riesige Wassermengen auf zwei Ebenen: oben warm, unten kalt. Vor Grönland beginnt der Golfstrom. Dort stürzen gewaltige Wassermassen von der Oberfläche in die Tiefe – als würde man den Stöpsel einer gigantischen Badewanne ziehen. In weniger als einer Stunde zieht es dort das Wasservolumen des Bodensees in einige Tausend Meter Tiefe.

Dieser Absturz erzeugt einen Sog: Warmes Oberflächenwasser wird vom Äquator nach Norden gezogen – und erwärmt so Europa und die Ostküste Nordamerikas. Die Kontinente scheinen bewusst so geformt zu sein, um diese Ströme zu lenken – sie bündeln oder weiten die Meeresströmungen wie Trichter oder Düsen.

Es sind aber nicht nur die Wassermassen, die beeindrucken, es ist auch die damit verbundene Wärme, die von den Tropen Richtung Nordpol strömt. Dieser Wärme verdanken wir im Winter ein lebenswertes Klima auf der Nordhalbkugel. Ohne diese Ozeanwärme wäre es unerträglich kalt.

Der Klimabericht betrachtet diese Wärme vorwiegend statisch, was für einen ersten Ansatz akzeptabel ist, um zuerst einmal nur die reine Wärmemenge zu ermitteln. Aber um unser Klima wirklich zu erfassen, müssten diese Wärmemengen je Breitengrad ermittelt werden, denn in den Tropen liefert die Sonne weitaus mehr Wärme in die Ozeane.

Es gibt Befürchtungen, dieser Golfstrom könnte nachlassen aus folgendem Grund: Das Wasser bei Grönland stürzt in die Tiefe, weil kaltes Wasser schwerer ist. Auch der Salzgehalt spielt eine Rolle, weil das Wasser damit noch schwerer wird.

Der Strom kann nur schwächer werden, wenn sich das Temperaturgefälle zwischen Tropen und Grönland abschwächen würde.

Haben sich die Ozeane auch so stark erwärmt wie das Festland auf der Nordhalbkugel? Laut Klimabericht IPCC *AR6 WGI Technical Summary (2021)*:

»Land areas have warmed faster than the ocean. Since 1971, the upper ocean (0–700 m) has warmed by 0.11 °C per decade, while global land temperatures increased much faster.« IPCC (AR6, 2021)

Die oberen 700 m der Ozeane haben sich in je 10 Jahren um 0,11 °C erwärmt. Das entspricht in etwa 40 % der Festlanderwärmung.

Ein großer Teil der Sonnenenergie lässt Wasser verdunsten. Bei diesem Prozess erwärmt sich das Wasser nicht. Die Energie löst nur die Molekülverbindung zum flüssigen Wasser. Andernfalls würden die tropischen Ozeane fast kochen.

Es kursieren Annahmen für einen bedrohlichen Anstieg der Meeresspiegel. Rechnet man 0,11 °C um, steigt der Spiegel um etwa 0,8 mm pro Jahr.

»Thermal expansion contributed about 0.8 mm/year to sea level rise during 1971–2018.« IPCC AR6 WGI (2021), Kapitel 9

Der IPCC erhöht den Anstieg der Meeresspiegel um 0,8 mm pro Jahr wegen des Abschmelzens der Gletscher, vor allem in Grönland.

Das wären 2 mm pro Jahr, seit 2006 laut IPCC bis zu 3,7 mm pro Jahr.

Wärmedynamik der Ozeane

- Betrachtet man nur die oberen 100 m der Ozeane,
- dann sind das 36.000.000 km^3 Wasser.
- Spezifische Wärmekapazität von Wasser: 1,16 Wh/(kg K)
- das ergibt $Q = m \cdot c = 3{,}6 \cdot 10^{19} \cdot 1{,}16$ Wh = ca. $4{,}18 \cdot 10^{16}$ kWh
- Im Vergleich: Sonneneinstrahlung auf Ozeanen: ca. $5{,}00 \cdot 10^{17}$ kWh

Das Ergebnis bedeutet: Die Sonneneinstrahlung auf die Ozeane entspricht einer Wärme, welche ca. 120 m Wassertiefe um 10 °C erwärmen können.

Das wäre der statische Ansatz, denn diese vorwiegend tropische Wärme zieht in Wirklichkeit zu den Nord- und Südhalbkugeln. Die Luft nimmt die Oberflächenwärme auf und transportiert sie aufs Festland.

Man kann nur erahnen, welche Dynamik durch die Ozeane entsteht. Steht von dieser Dynamik etwas im Klimabericht, denn das wäre interessant und ein weites Forschungsfeld. Im Klimabericht steht nur:

»The ocean has continued to absorb the majority of global warming energy, with widespread warming in the upper 2000 m.« IPCC AR6

Danach nehmen die Ozeane die meiste Wärme auf, die durch den Treibhauseffekt entsteht. An anderer Stelle wird davor gewarnt, der Golfstrom könnte schwächer werden.

Im Klimabericht wird die enorme Wärmespeicherfähigkeit der Ozeane zwar erwähnt, aber nur als Puffer oder Speicher, nicht als dynamischer Wärmetransporteur.

Man kann geteilter Meinung darüber sein, ob die Wärmedynamik in einen Klimabericht gehört. Aus Sicht dieses Buchs gehört sie natürlich hinein, weil diese dynamische Ozeanwärme der mit Abstand größte Wärmeposten beim Klima ist.

Die Energiebilanz des IPCC ist statisch. Das muss nicht falsch sein, aber die Gefahr ist groß, bei statischen Modellen die Dynamik zu vergessen. Man kann sagen, auf der Erde ist es im Mittel 16 °C warm. Tatsächlich schwankt das aber um gut 80 °C. Es würde weit mehr schwanken, gäbe es die Ozeane nicht.

1.2. Die Luft

Die Erdoberfläche ist von einer 12.000 m dicken Luftschicht bedeckt. Sie wiegt etwa 10.000 kg je Quadratmeter Boden. Das ist erstaunlich viel Masse – aber irgendwie auch sehr wenig, denn 6 m fester Boden oder 10 m Ozeanwasser wiegen genauso viel.

- Die Luft reagiert kaum auf Wärmestrahlung.
- 99,8 % praktisch gar nicht.
- Nur 0,2 % Moleküle (die mehr als 2 Atome haben), reagieren in schmalen Bereichen der Wellenlänge.
- Der Boden strahlt in einem Spektrum von ca. 3 – 100 µm ab,
- CO_2 reagiert auf 15 µm, also auf 2 % der Wärme, die der Boden abstrahlt.
- Auf 98 % der Bodenabstrahlung reagiert CO_2 nicht.
- Der CO_2-Gehalt der Luft beträgt nur 0,042 %.

Das sind Zahlen, die Zweifel wecken müssen, was die Größenordnung einer möglichen Gegenstrahlung betreffen.

Warum ist die Luft so warm?

Das wurde weiter vorne im Buch bereits angesprochen. Wir sitzen auf der warmen Terrasse und genießen die Wärme. Dann blicken wir entspannt in den Himmel und auf einmal schießt uns der Gedanke durch den Kopf: Da oben, oberhalb der Luft, ist der Weltraum. Dort ist es -273 °C kalt. Streng genommen ist es im Weltraum nicht kalt, denn es ist gar nichts. Warum ist die Luft so warm? Im Winter auch noch 270 Kelvin wärmer als das All und sogar in 12 km Höhe immer noch 220 K wärmer.

Wird die Luft von der Sonne erwärmt? Zum Glück nicht. Würden Luftmoleküle direkt auf Strahlung reagieren, wäre es oben wärmer als unten.

Die Luft ist warm, weil sie den Boden berührt. In diesem kurzen Moment wird von zwei Molekülen Wärme ausgetauscht. Zwischen dem Molekül, das fest im Boden steckt und dem frei schwebenden Luftmolekül. Das erwärmte Luftmolekül steigt auf und stößt unentwegt mit anderen zusammen. Jedes mit jedem mehrere Millionen Mal pro Sekunde!

Schwebt die Luft?

Ja und nein. Die Luftmasse insgesamt schwebt nicht, sondern liegt am Boden auf wie Wasser auf dem Grund eines Sees. Auch Moleküle werden von der Schwerkraft nach unten gezogen. Allerdings sind die Moleküle so leicht, dass sie doch schweben wie eine Feder in der Luft. Damit sich Moleküle berühren, müssen sie eine gewisse Strecke zurücklegen, um zusammenzustoßen. Mit etwa 2.000 km/h berühren Moleküle pro Sekunde mehrere Millionen andere Moleküle. Das ist nicht zu vergleichen mit einem rasend schnellen Billardspiel, sondern eher mit einem Zustand.

Was wiegt die Luft?

Bodennah wiegt sie etwa 1,25 kg je Kubikmeter, in 12 km ca. 0,3 kg/m^3.

- In einem Haus mit 150 m^2 Wohnfläche sind etwa 500 kg Luftmasse!
- Über 1 m^2 Erdoberfläche sind 8.000 kg Luft,
- bis über die Troposphäre hinaus sogar 10.000 kg.

Der atmosphärische Druck wirkt in alle Richtungen gleichermaßen – daher spüren wir ihn nicht als Druckbelastung.

Wärmespeicherung Luft

Die Luft kann nur sehr wenig Wärme speichern. Die Anzahl der Moleküle, die Wärme per Kontakt übertragen, ist gering. In der Ozonschicht ist es so warm wie am Boden, dennoch würden wir dort erfrieren, weil zu wenige Moleküle uns berühren und Wärme übertragen.

Aufgabe der Luft ist, Wärme in kleinen Mengen schnell zu verteilen. Weil die Luft an Stellen kommt, wo Wasser und Festland nicht hinkommen. Luft schließt die Wärmelücken.

Die Wärmeverteilung erfolgt über Konvektion, also dem Aufstieg der Luftteilchen, der aber nicht nur senkrecht erfolgt, sondern auch schräg. So kommt beispielsweise hin und wieder nicht nur warme Saharaluft nach Europa, sondern auch feinster Wüstensand.

Ohne diesen Transport wäre das Klima völlig anders. Ohne Luft gäbe es kein Klima, wie wir es kennen. Die Rolle der Luft als Wärmelogistik findet im offiziellen Klimamodell kaum Beachtung – dort gilt sie als praktisch passives Medium.

Wärmetransport der Luft

Die Ozeane transportieren wie gesagt enorme Wärmemengen von den Tropen Richtung der Pole. Doch wie gelangt diese Wärme aufs Festland? Nicht durch das Wasser selbst – denn dann müssten die Ozeane das Land überfluten.

Die Atmosphäre übernimmt das. Unermüdlich nimmt sie Wärme von der Meeresoberfläche auf –und bringt sie auf das Festland.

Die USA und Südamerika liegen sowohl an westlichen als auch an östlichen Ozeanen und profitieren ganzjährig von maritimen Einflüssen. Russland und Zentralasien hingegen liegen tief im Landesinneren und erhalten deutlich weniger direkte Ozeanwärme – was deshalb zu einem kälteren und trockeneren Klima führt.

Auch wenn die zahllosen, komplexen Luftbewegungen kaum exakt erfassbar sind, vermittelt ein Blick auf die Größenordnungen ein gutes Gefühl für die dahinterliegende Dynamik:

- Luftmasse: 510 Mio. km² · 12 km Luftschichtdicke = $6{,}12 \cdot 10^{18}$ m³
- Masse der Luft in ca. 6 km Höhe: 0,62 kg/m³ $3{,}79 \cdot 10^{18}$ m³
- Spezifische Wärmekapazität Luft: 0,36 Wh/(kg K) $1{,}37 \cdot 10^{15}$ kWh/K
- Vergleich Ozeanwärme bis 100 m Tiefe $4{,}18 \cdot 10^{16}$ kWh
- Strömungsgeschwindigkeit der Luft grob geschätzt 30 km/h

Das gesamte Ozeanwasser bis 3,30 m Tiefe speichert so viel Wärme wie die gesamte Luft um den Erdball. Pro jeweils 1 °C Celsius.

Eine vertiefte Analyse würde hier zu weit führen – aber klar ist: Die Luft muss sich ständig bewegen, um die Ozeanwärme an Land zu bringen. Das ist der Antrieb unseres Wettergeschehens. Das sind keine gleichmäßigen Strömungen. Alles ist ineinander verwirbelt.

Dazu kommen noch die Wolken mit ihren Wassermassen. Man kann davon ausgehen, dass 85 % des Regens aus den Ozeanen kommt. Aber es fallen auch 78 % wieder in den Ozean zurück. Netto schaffen es nur etwa 7 % des Regens bis aufs Festland. Das sind faszinierende Zahlen zur Bedeutung der Ozeane für das Klima - und der Luft als ihr Verteiler.

1.3. Was ist Wärme?

Würde man Wärme in all ihren Erscheinungsformen physikalisch präzise beschreiben, wäre das ein eigenes Buch. Deshalb soll hier nur das Wesentliche gut verständlich erläutert werden – mit dem Fokus auf das Klima.

Um ein Atom kreisen in großem Abstand Elektronen. Verbinden sich Atome zu Molekülen, entsteht mechanisch betrachtet ein wackliges Gebilde. Die Atome sind durch Bindekräfte verbunden wie die Figuren an einem *Mobile*, wie es über Babybetten hängt. Es kann schwingen, je mehr Fäden und Figuren daran hängen.

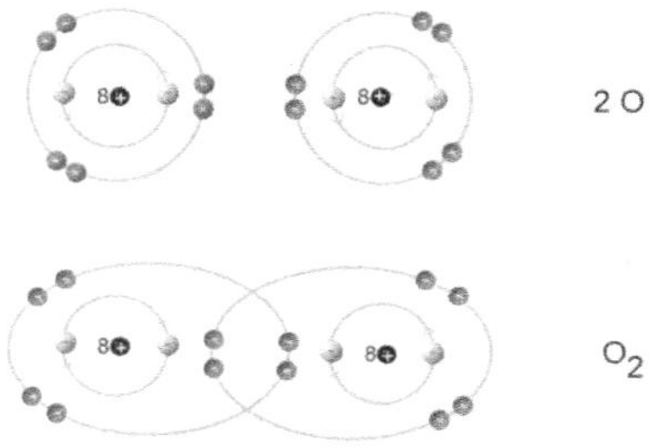

Abbildung 4 – Sauerstoffmolekül Schema

Die dicken Kugeln in der Abbildung unten bleiben an Ort und Stelle. Um sie herum schwingen die kleinen Atome in allen geometrischen Variationen. Als hätte man zwei kleine Kinder am Arm, die um einen kreisen und hüpfen. Ließe man los, fallen die Kinder hin - ein Molekül hätte seine Bindekraft verloren.

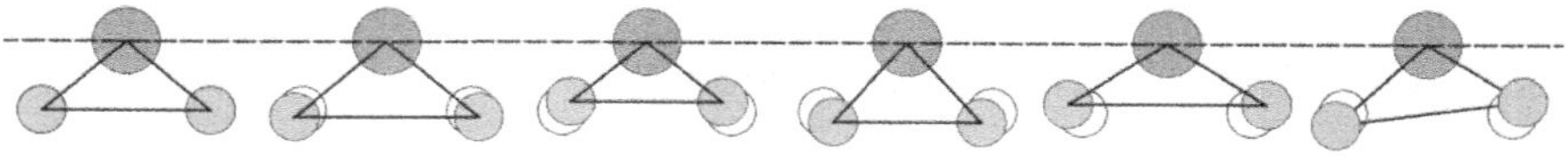

Abbildung 5 – Schwingungsmöglichkeiten eines dreiatomigen Moleküls, z B. CO_2

Wichtig: Alle Moleküle schwingen bereits. Erst bei -273 °C würden sie nicht mehr schwingen. Um etwas zu erwärmen, muss mehr Energie zugeführt werden, als bereits vorhanden ist. Ein Kind schaukelt, die Eltern sollen es anschieben. Wenn sie im falschen Moment anschieben oder zu wenig Kraft aufwenden, verstärken sie die Bewegung nicht – sondern stören sie.

Moleküle in festen Stoffen schwingen, aber sie bleiben zwangsläufig am Ort. In einem voll besetzten Bus kann man auf der Stelle treten, aber nicht durch den Bus rennen. Luftmoleküle können rennen.

Moleküle mit nur einem oder zwei Atomen – wie Stickstoff oder Sauerstoff – sind zu starr zum dreidimensionalen Schwingen. Man bringt sie nicht aus dem Gleichgewicht. Sie haben kein Dipolmoment. Das ist vergleichbar mit einem mechanischen Schwerpunkt, aber Dipol in dem Zusammenhang bedeutet: die räumliche Trennung von Atomen, die unterschiedlich stark Elektronen anziehen. Man kann sich ein Molekül wie ein Seil zwischen zwei Personen vorstellen, die an den Elektronen ziehen.

Wenn 0,04 % CO_2 zusätzlich Strahlung absorbieren – und das auch nur bei einem engen Wellenlängenbereich um 15 µm – dann mag das theoretisch interessant sein, praktisch ist es **für die Wärmemenge bedeutungslos**. Was die Luft auszeichnet, ist der Wärmefluss durch Molekülstöße. Das schrieb Albert Einstein 1916 als Fazit seiner Arbeit *„Zur Quantentheorie der Strahlung"*, die im Buch noch zitiert wird.

Moleküle können nichts speichern

Es gibt nur Atomkerne und kreisende Elektronen, siehe Abbildung 4. Sie haben nichts zum Speichern. Würden Moleküle für den Bruchteil einer Sekunde keine neue Energie erhalten (Zusammenstöße, Photonen) würden sie sofort mit dem Schwingen aufhören.

Die Speicherwirkung etwa einer Ziegelwand entsteht durch minimale Zeitverzögerungen. Jedes Molekül absorbiert oder transportiert die Energie sofort weiter, aber nicht ganz sofort. Das dauert etwa 0,000000001 Sekunden.

Durch die Vielzahl an Molekülen entsteht eine deutliche Zeitverzögerung. Je mehr Moleküle, umso langsamer.

Strahlung kann auch kühlen

Wer bei diesem Satz zusammenzuckt, sollte sich intensiver mit Wärme beschäftigen. Strahlung kann auch kühlen, ist nur die Zusammenfassung des Prozesses, denn jede Strahlung ist zuerst eine Zuführung von Energie. Aber zeitgleich gibt eine Oberfläche auch Wärme ab. Wenn die Zuführung geringer ist als der Wärmeverlust, kühlt die Oberfläche ab.

Dem Satz »Strahlung kann auch kühlen« ließe sich vorwerfen, dass er eine verkürzte Darstellung ist. Natürlich ist er das.

In fachlichen Diskussionen werden sich leicht verständliche Prozesse mit Worten so lange zerrieben, bis Laien das Handtuch werfen. Nur wurde dieses Buch so verfasst, dass es auch Laien verstehen können, denn alle Menschen sind vom Klimawandel betroffen, nicht nur solche mit Kenntnissen in Physik.

Wenn eine Oberfläche bei 16 °C Wärme 398 W/m^2 abstrahlt und wird zeitgleich von einer nur 6 °C warmen Oberfläche (342 W/m^2) angestrahlt: was passiert dann im Ergebnis? Wird der 16 °C warme Boden wärmer? Oder wird er kälter? Wer neben einer kalten Wand steht, wird ihm dann wärmer?

Zwei Personen. Einer hat 398 Euro in der Tasche, einer 342. Beide werfen ihr Geld zusammen und teilen es. Das Ergebnis ist ein neuer Durchschnitt – zugunsten des einen, zulasten des anderen. Beide haben danach 370. Der eine hat 28 mehr, der andere 28 weniger. Die »wärmere« Tasche wurde »gekühlt« obwohl sie zuerst auch Geld bekommen hat. Diese bilanzielle Betrachtung wird beim Thema »Gegenstrahlung« häufig übersehen.

In Diskussionen zum Treibhauseffekt hört man oft den Satz: »*Jede Strahlung erwärmt.*« Solche Aussagen wirken wie Ausflüchte - wenn zugleich anerkannt wird, dass CO_2 in der Luft kälter ist als der Erdboden.

Wer darauf beharrt, dass auch kalte Luft den Boden erwärmt, ignoriert nicht nur das Grundprinzip der Thermodynamik – sondern ersetzt es durch eine Scheinlogik.

Ob hier Unwissen oder Absicht im Spiel ist, lässt sich schwer sagen. Aber wer solche Positionen vertritt, sollte zumindest vorsichtig mit dem Titel »Experte« umgehen.

Wärme ist immer zweigleisig – eine Art Einnahmen-Ausgaben-Rechnung. Entscheidend ist die Bilanz, nicht das Einzelereignis.

Soll ein Haus im Winter dauerhaft 22 °C warm bleiben, dann muss die Heizung – so wie beim Klima die Sonne – genau so viel Wärme nachliefern, wie durch Wände, Fenster und Dach verloren geht.

Ob die Fußbodenheizung dabei 440 W/m^2 abstrahlt, ist für den Energiebedarf unerheblich. Entscheidend ist allein, wie viel Wärme das Haus pro Stunde verliert. Sind das zum Beispiel 20 W/m^2, dann genügt es, wenn die Heizung eben diese 20 W/m^2 nachliefert – und nicht 440 W/m^2.

1.4. Was ist zusätzliche Wärme?

Manche steigern sich so tief in die Theorie hinein, dass sie völlig aus dem Blick verlieren, worum es eigentlich geht:

Das Klimasystem wird wärmer – und wir müssen verstehen, warum.

Damit es wärmer wird, braucht es eine gewisse Menge an **zusätzlicher** Wärme. Den Begriff »zusätzlich« müsste man in riesigen Buchstaben drucken. Ein System wird nicht wärmer aus sich selbst heraus! Da kann es hin und her strahlen, wie es will. Das geht prinzipiell nicht. Eine Thermoskanne mag noch so gut isoliert sein, der Tee wird deshalb nicht wärmer, sondern er kühlt nur langsamer aus.

Hier ließe sich einwenden: Wenn der Tee langsamer auskühlt, aber in 12 Stunden kommt er wieder auf den Herd (Sonne geht auf), dann wird/bleibt er doch langfristig wärmer. Das stimmt. Aber so war das Klima schon immer.

Angenommen, man dämmt die Thermoskanne noch etwas besser, dann müsste der Tee langfristig wärmer bleiben, wenn es beim Rhythmus bleibt: 12 Stunden am Tag Erwärmung durch die Sonne, 12 Stunden Nacht.

Nun tauschen wir die Innenverkleidung der Kanne aus. Statt 95 % Reflexion eine mit 98 %. Bleibt der Tee dann genauso warm wie bei einer dickeren Dämmung? Eine interessante Frage. Die Antwort erfordert etwas Nachdenken. Vermutlich ist die intuitive Antwort: Ja, er bleibt wärmer. Aber bei 300.000 km/s bei Strahlung und 2 % Durchlässigkeit der Kanne entweicht die Wärme praktisch genauso schnell bei 98 % Reflexion wie bei 95 %.

Die Atmosphäre ist keine Thermoskanne

Beim Klima reden wir nicht über eine Flüssigkeit und auch nicht über eine isolierte, gedämmte Kanne. Wie warm bleibt die Luft in der Kanne? Bleibt sie länger warm, wenn mehr CO_2 in der Luft ist? Welche Rolle spielt die Kanne dabei? Sie ist wesentlich. Beim Klima gibt es aber keine Kanne. Die Luftgase bewegen sich frei im Raum. Da ist nichts, an dem sie sich erwärmen können – außer an den Nachbarmolekülen.

Beim Klima werden manchmal solche Beispiele gebracht wie Thermoskanne oder eine wärmende Decke. Nur geht es hier um Wärmeleitung und Dämmung. Das ist etwas vollkommen anderes als Strahlung. Könnte man mit Strahlung dämmen oder damit den Dämmwert verbessern?

Wie können »Experten« ein Beispiel mit der wärmenden Decke anführen? Haben sie ihr eigenes Thema nicht verstanden? Decke ist Wärmeleitung. Darauf angesprochen, wechseln sie die Argumentation: CO_2 strahle zurück zum Boden. Dann kann es aber nicht gleichzeitig die Luft erwärmen.

Würde CO_2 zurückstrahlen, würde das den Boden kühlen.

Folgt man der Idee vom Zurückstrahlen, geht es um andere Wärmgesetze. Beim Zurückstrahlen spielt die Temperatur der beteiligten Oberflächen die maßgebliche Rolle. Damit CO_2 den Boden erwärmt, muss sie wärmer sein als der Boden! Darüber gibt es keine Zweifel. Nur wäre eine Oberfläche aus CO_2 (die es nicht gibt) kälter als der Boden – und würde ihn faktisch kühlen, weil sich ein neues Strahlungsgleichgewicht einstellen würde.

Das setzt voraus, dass beide Oberflächen gleich groß sind beziehungsweise aus derselben Anzahl sich anstrahlender Oberflächenmoleküle bestehen. Ist das so bei CO_2 und der Erdoberfläche? Gleich viele Moleküle?

Kein Problem, denn schon kommt das 3. Argument: Die Gegenstrahlung verlangsame die Auskühlung des Bodens. Wir sind hier immer noch bei Modellannahmen, also in der Theorie.

Netto-Wärmeverlust des Bodens wird reduziert

Wie verlangsamt die Gegenstrahlung die Auskühlung? Welches physikalische Prinzip wirkt hier? Geht es hier um Strahlung oder Wärmeleitung? Es geht um Strahlung. Damit wären wir wieder beim Argument von zuvor und es wird gesagt:

Die Gegenstrahlung trifft den Boden und **reduziert seinen Netto-Wärmeverlust.**

Der Nettoverlust ist das Kardinalargument für die Treibhausthese. Was bedeutet das konkret? Es bedeutet: Mindestens 2 Oberflächen strahlen sich gegenseitig an. Auch wenn eine kälter ist, ist das immer noch besser, als wenn es keine gegenstrahlende Oberfläche gäbe. Dieses Argument muss man ernst nehmen.

Es bedeutet: Ohne Gegenstrahlung würde die Erdoberfläche ins Weltall abstrahlen und bekäme nichts zurück. Also ist es besser, wenn kälteres CO_2 auf den Boden strahlt als gar nichts.

Dieses »Besser als nichts«-Argument ist das eigentliche Fundament der Gegenstrahlungs-Logik.

Also stellen wir uns vor, es gibt keine Gegenstrahlung in diesem Modell. Dann strahlt der Boden seine 398 W/m^2 ab und bekommt nichts zurück. Ohne Wärmespeicherung würde er sukzessive immer weniger abstrahlen, bis er eine Temperatur von -273 °C erreicht.

Würde eine dünne Metallplatte im Weltraum schweben und sich 12 Stunden in der Sonne erwärmen und 12 Stunden im Schatten eines Planeten sein, wäre sie im Schatten schnell -270 °C kalt. Sie würde die Umgebungstemperatur annehmen. Was ist die Umgebungstemperatur auf der Erdoberfläche und durch was wird sie gebildet?

Im Treibhausmodell wird unterstellt, es gibt keine Umgebungstemperatur. Das sei ein Duell zwischen dem abstrahlenden Boden und gegenstrahlenden Treibhausgasen. Alles andere wird ausgeblendet. Kann man machen, entspricht aber nicht der Wirklichkeit.

Die Umgebung unseres Klimasystems besteht aus

- **Luft** über dem Boden (Atmosphäre),
- **Ozeanen und Böden** mit hoher Wärmekapazität,
- **Sonnenstrahlung** (tagsüber),
- **Wärmespeicherung** des Bodens, allem voran der Ozeane,
- **Langsame nächtliche Wärmeabgabe** an den Himmel.

Im Weltraum hätten wir auch 83.000 € Heizkosten für ein Einfamilienhaus. Dieses Beispiel wird im Buch noch beschrieben.

Auch wenn es keine Gegenstrahlung gibt, bleiben diese Umgebungsfaktoren. Der Boden wird im Lauf der Nacht weniger abstrahlen, beginnend mit 430 W/m^2 (22 °C) und in den frühen Morgenstunden nur noch 373 W/m^2. Das ergibt im Mittel 398 W/m^2.

Das macht der Boden mit oder ohne Gegenstrahlung. Wenn die Gegenstrahlung 342 W/m^2 bringt, wäre das weniger als im Morgengrauen. Was also sollte das dem Boden bringen?

Was dabei auch noch übersehen wird: Die Atmosphäre ist selbst Teil des Klimasystems und damit wäre die Gegenstrahlung auch nur Teil dieses Systems.

Was könnten Verfechter der Treibhausthese erwidern? Beispielsweise:

»Auch wenn CO_2, Wasserdampf. Methan und Wolken (Summe des Treibhauseffekts) kälter sind als der Boden, reduziert ihre Gegenstrahlung dennoch die Nettostrahlung des Bodens – gemäß Stefan-Boltzmann. Das ist kein Trick, sondern thermodynamisch korrekt.«

Nur kann man für Gase die Stefan-Boltzmann-Gleichung gar nicht ansetzen, weil CO_2 keine Oberfläche hat wie ein richtiger Körper. Das ist thermodynamisch auch korrekt, denn das sagte Max Planck selbst, der diese Formel entwickelt hat.

Aber nehmen wir an, man könne CO_2 usw. als abstrahlende Fläche ansehen: Dann würde diese Nettostrahlung nur etwas bringen, wenn sie höher wäre als das, was der Boden am Ende der Nacht abstrahlt.

Wenn die Gegenstrahlung 342 W/m² beträgt (so steht es im Klimabericht), entspricht das einer Oberflächentemperatur von 5,7 °C, ermittelt mit dieser Formel. 5,7° als globaler Mittelwert. Der Boden hat – ebenfalls global 16 °C. Am Tag 22 °C, nachts 12 °C, ergibt im Mittel 16 °C. Ob da noch bei 5,7 °C Strahlung daherkommt, spielt keine Rolle oder wenn, dann würde sie den Boden kühlen.

Netto bedeutet: Brutto nach Abzug aller anderen Positionen. Beim Klima bedeutet netto: Nach Abzug von

- Wärme der Luft (nicht nur CO_2, sondern 100 % der Luft),
- Wärmespeicherung der Ozeane und Festlandflächen,
- Sonnenstrahlung tagsüber.

Man hat sich in ein theoretisches Modell verrannt und betet das herunter, ohne zu erkennen, was das alles gar nicht funktionieren kann.

Es mangelt bereits an einer sauberen Definition des Systems - eine Grundvoraussetzung in der Physik. Man darf ein System durchaus vereinfachen – aber nicht einfach alles weglassen, was die eigene These stört.

Es gibt nun einmal die immense Wärmespeicherung der Erde. Damit hat das Klimasystem der Erde seit Beginn an einen hohen Anfangsbestand. Der Begriff »netto« bedeutet ja, dass man eine Bilanz aufstellen will. Doch eine Bilanz ohne Anfangsbestand macht keinen Sinn.

Tatsache ist auch, dass es die Luft insgesamt gibt mit 10.000 kg Masse über jedem Quadratmeter Erdoberfläche. Darin enthalten sind 0,042 % CO_2, etwa 0,2 % bodennaher Wasserdampf und regionale Wolken.

Ebenso eine Tatsache ist die tägliche Sonneneinstrahlung, die den Wärmespeicher des Klimasystems immer wieder auffüllt.

Das alles gehört in eine Bilanz. Wer jedoch das Klimasystem reduziert auf eine hauchdünne Erdoberfläche und das Strahlung-rein-und-raus-Prinzip, beschriebt irgendetwas, aber kein Klimasystem.

Ganz nebenbei wird auch noch der Energieerhaltungssatz ausgehebelt. Er besagt: »**Wenn sich ein System erwärmt, muss mehr Energie hineinfließen, als hinausgeht.**« Das ist eine Grundregel der Thermodynamik.

Betrachten wir die Gegenstrahlung im Zeitraffer: Der Boden strahlt 398 W/m^2 ab. Die sind dann weg, bei Geld würde man sagen: Sie sind ausgegeben. Nun wird gesagt: 342 kommen wieder zurück. Netto sind aber 57 weg. Wenn sich ein System erwärmt, wäre das vergleichbar damit, dass jemand reicher wird. Er gibt 398 aus und erhält 342 zurück. Ist er dann reicher als zuvor?

Die Rückstrahlung ersetzt keine Energiequelle – sie wäre nur ein zirkuläres Element innerhalb des bestehenden Systems. Das Modell erzeugt also ein neues Gleichgewicht, ohne den Zufluss zu verändern – das widerspricht direkt der Thermodynamik.

Doch Verfechter des Treibhauseffekts tangiert das alles nicht. Sie bleiben dabei, dass der Boden immer wärmer wird, wenn er einen Teil seiner Ausgaben wieder zurückerhält. Mit Logik kommt man hier nicht mehr weiter.

Die Treibhausthese basiert unter anderem auf folgenden Annahmen:

- Die Anwendung von Stefan-Boltzmann auf Gase
- Die Vernachlässigung des Energieerhaltungssatzes
- Die unzulässige Vereinfachung des Klimasystems
- Die Bilanzierung ohne Anfangsbestand

Was genau ist das Klimasystem? Das ist das Thema des nächsten Kapitels.

Damit sich ein System erwärmt, braucht es zusätzliche Energie von außerhalb dieses Systems. Hoffentlich ist wenigstens diese Aussage unstrittig, sonst verlassen wir den Boden der Physik komplett.

1.5. Was genau ist das Klimasystem?

Zum Klimasystem gehört nicht die gesamte Erdkugel! Das ist wichtig. Beim Haus steckt der Keller zwar im Erdreich – und damit auch im Klimasystem – aber es gehört einem als Grundstücksbesitzer nicht das Erdreich bis zum Erdmittelpunkt. Oder doch? Das wäre eine interessante rechtliche Frage.

Das Klimasystem umfasst neben der Luft nur Schichten der Erdoberfläche, die in den gewünschten Beobachtungszeiträumen energetisch aktiv beteiligt sind.

Abbildung 6 - Erdkugel und Klimasystem

Zum Klimasystem gehört	Nicht zum Klimasystem gehört
untere Atmosphäre (ca. 12 km)	Erde unterhalb Klimasystem
klimaaktive Bodenschicht	Tiefsee
obere Schichten der Ozeane	Erdöl, Erdgas, Geothermie
	Chemische Umwandlungen

Tabelle 7 – Abgrenzung Komponenten des Klimasystems

Würde man das Klima der letzten 500.000 Jahre untersuchen wollen, reicht die obere Schicht der Erdkugel tiefer und möchte man nur das Klima der letzten Woche analysieren, reichen 10 cm der Erdoberfläche.

Warum ist das so wichtig?

Heizen wir unsere Gebäude mit Öl, Gas oder Kohle, holen wir Wärmeträger aus der Erde – also aus einem anderen System. In der Erde ist nun weniger Energie, im Klimasystem mehr.

Beim Verbrennen wird aus dieser gespeicherten Energie dann Wärme. Das ist eine zusätzliche Wärme für das Klimasystem!

Ob die Menge ausreicht, um das Klimasystem zu erwärmen, ist eine andere Frage. Aber diese zusätzliche Menge gehört auf jeden Fall in die Energiebilanz des Klimasystems.

- Der Weltenergiebedarf liegt bei etwa 620 Exajoule (EJ) pro Jahr.

Eine solche Zahl sagt einem nichts. Verständlich wird die Zahl erst in einem Vergleich mit der Sonneneinstrahlung am Boden.

Sie wird im Energiemodell des IPCC richtigerweise mit 57 W/m^2 angegeben.

Erdoberfläche	510.000.000	km^2
Sonneneinstrahlung am Boden	57	W/m^2
Sonneneinstrahlung am Boden	29070 Milliarden	kWh
Erdoberfläche bebaut	0,6 %	
Erdoberfläche bebaut	3.060.000	km^2
Weltenergieverbrauch im Jahr	620	Exajoule
1 Exajoule	2,78E+11	kWh
Weltenergieverbrauch im Jahr	1,72E+14	kWh
Weltenergieverbrauch pro Stunde	1,97E+10	kWh
Weltenergieverbrauch weltweit	0,04	Wh/m^2
Weltenergieverbrauch über bebauter Fläche	6,40	Wh/m^2
davon nur Wärme ca.	4,00	Wh/m^2

Tabelle 8 – Vergleich Sonneneinstrahlung und Weltenergieverbrauch

Die Tabelle zeigt: Würde sich der menschliche Energiebedarf gleichmäßig über die gesamte Erdoberfläche verteilen, wären das nur 0,04 W/m^2. Das wäre sehr wenig im Vergleich zu den 57 W/m^2 der Sonne.

Nur 0,6 %[1] der Erdoberfläche sind bebaut und
dort wird der Weltenergieverbrauch größtenteils frei.
Sie wirken wie Brennpunkte – geringe Fläche, hohe Dichte.

Dann werden aus 0,4 W/m^2 auf einmal 6,4 W/m^2!.

---

1 Quelle Florczyk et al. (2019), *GHSL Data Package 2019*, JRC Technical Reports DOI: 10.2760/290498

Ein Verbrennungsmotor wandelt von 10 Liter Benzin nur 4 Liter in die gewünschte Fortbewegung um. 6 Liter gehen verloren für sinnlose Abwärme.

Wer dem Klima wirklich helfen will, kommt langfristig an Elektromotoren nicht vorbei – auch wenn es derzeit noch an manchen Details hapert.

Fossile Energie stammt aus einem anderen System und das ist eine zusätzliche Wärme im Klimasystem. Das betrifft gleichermaßen das Verbrennen von Holz, Wasserstoff oder Pflanzenöl. Im konkreten Fall sind es 6,4 % zusätzliche Wärme über den Industrienationen. Die derzeitige Einteilung der Energie in *regenerativ* und *nicht regenerativ* ist für die Erwärmung des Klimasystems unerheblich, denn Wärme ist Wärme. Für das Klimasystem ist maßgeblich, ob diese Wärme bereits im Klimasystem war oder neu von außen neu hinzukommt.

Unsummen Geld wird ausgegeben für Energien, die dem Klima nicht helfen.

Woher kommt die Heizenergie im Haus?

Heizenergie	**aus Klima-system**	**System Erdkugel**	**Wärme zu Wärme?**	**Klima-freund-lich**
Öl, Gas Kohle	✕	✕	nein	✕
Luftwärmepumpe	✓		ja	✓
Erdwärmepumpe flach	✓		ja	✓
Erdwärmepumpe Sonde	✕	✕	ja	✕
Grundwasserwärmepumpe	✕	✕	ja	✕
Holz, Pellets	✕		nein	✕
Windkraft	✕		nein	✕
Wasserstoff	✕		nein	✕
Pflanzenöl	✕		nein	✕
Warmwasserkollektoren	✓		ja	✓
Photovoltaikkollektoren	✓		teilweise	teilweise

Tabelle 9 - Energiequellen für das Heizen

Würden wir Energie danach bewerten, woher sie kommt, bleiben nur wenige übrig, die innerhalb des Klimasystems geschlossen zirkulieren.

Zu prüfen ist, ob diese von uns freigesetzte Wärme von der Menge her einen Klimawandel bewirken kann und wenn ja, auf welche Weise.

Aus Sicht dieses Buches geschieht das über den Umweg der Luftströmungen, welche die Bewölkung beeinflussen.

1.6. Anfangswärme im Klimasystem

Wir kaufen oder mieten ein Haus. Damit übernehmen wir eine Wärmeenergie, die bereits im Haus ist, denn das Haus ist nicht -273 °C kalt. Damit haben wir viel Wärme geschenkt bekommen.

Angenommen, das Haus wiegt – ohne Keller – 400.000 kg.

- Mittlere spezifische Wärmekapazität 0,26 Wh/(kg K),
- dann sind 104.000 Wh/K im Haus gespeichert.
- Wärmekapazität des Hauses: ca. 104 kWh je 1 °C Temperaturänderung.
- Diese Masse gibt 104 kWh frei, wenn sie um 1 °C abkühlt und
- es erfordert 104 kWh, um die 400.000 kg um 1 °C zu erwärmen.
- 104 kWh sind der Gegenwert von ca. 10 m^3 Erdgas, also 11 €.

Mit einem solchen Vergleich ergibt sich ein verständlicher Bezug.

Die berühmte Formel $Q = \sigma \cdot T^4$ beginnt immer bei 0 K = -273,15 °C und beschreibt die momentane Abstrahlleistung einer Oberfläche. Für aussagekräftige Werte muss allerdings immer zweimal gerechnet werden:

- Wärmemenge zu Beginn
- Neue Wärmemenge

Rechnet man nur einmal, kommen Ergebnisse heraus wie Heizkosten von 83.000 € pro Jahr. Das ist unrealistisch.

Welche Anfangswärme hat das Klimasystem? Das kommt auf den gewählten Stichtag der Bilanzeröffnung: an. Für die letzten Jahrhunderte kann man als globale Mittelwerte ansetzen:

- 22 °C am Tag,
- 12 °C in der Nacht,
- 16 °C im Mittel.

Diese im Boden gespeicherte Anfangswärme ist die eigentliche Grundlage für das heutige Klima. Ohne diesen Speicher wäre es auf der Erde eiskalt. Wie schon beschrieben, macht eine Energiebilanz ohne Anfangsbestand keinen Sinn und führt zu unrealistischen Einschätzungen. Etwa zu einer Abstrahlung des Bodens von 398 W/m^2 - obwohl die Sonne nur 57 W/m^2 liefert.

1.7. Sonneneinstrahlung

Nicht nur Wolken reduzieren die Sonneneinstrahlung, sondern auch deren Weg durch eine ca. 12.000 m dicke Luftschicht. Da gibt es Wassertröpfchen, Feinstaub, welche einen Teil dieser Wärme streuen oder absorbieren.

Je flacher der Sonnenstand (morgens, abends), desto länger ist der Weg durch die Atmosphäre – und desto mehr Partikel stehen im Weg. Die meisten Partikel streuen nur, die Strahlung ist deshalb nicht weg, sie verteilt sich nur breiter. Sie ist nicht mehr gerichtet. Zum Glück, sonst wäre es im Schatten stockdunkel und eiskalt.

Die gleichmäßige Verteilung des Lichts und der Wärmestrahlung glättet die Unterschiede. Ohne Streuung würden wir tagsüber leben wie unter einem Scheinwerfer. Und im Schatten wäre es selbst im Sommer eisig kalt.

Ab welcher Größe Luftpartikel streuen, reflektieren oder absorbieren, wurde vor mehr als 100 Jahren bereits erforscht (z. B. Rayleigh).

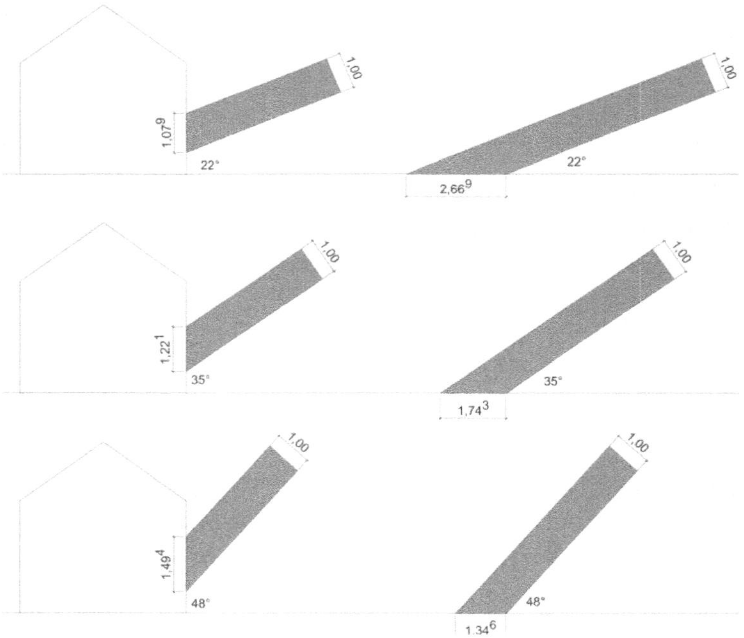

Abbildung 7 - Sonneneinstrahlung am Boden und auf einer senkrechten Wand

Die Abschwächung der Strahlung lässt sich berechnen, etwa zur Bemessung von Solaranlagen als *atmosphärische Extinktion* (Abschwächung).

Die folgende Tabelle zeigt den Sonnenwinkel zum Boden nach Monat und Uhrzeit:

	10 Uhr	11 Uhr	12 Uhr	13 Uhr	14 Uhr	15 Uhr	16 Uhr
Jan	13,5°	17,5°	21,5°	17,5°	13,5°	9,5°	5,4°
Feb	20,2°	24,9°	29,5°	24,9°	20,2°	15,6°	11,0°
Mrz	29,2°	34,8°	40,4°	34,8°	29,2°	23,7°	18,1°
Apr	32,8°	38,4°	44,0°	49,7°	44,0°	38,4°	32,8°
Mai	39,2°	45,6°	52,1°	58,5°	52,1°	45,6°	39,2°
Jun	41,7°	48,5°	55,3°	**62,1°**	55,3°	48,5°	41,7°
Jul	40,4°	46,9°	53,4°	59,9°	53,4°	46,9°	40,4°
Aug	35,6°	41,5°	47,3°	53,2°	47,3°	41,5°	35,6°
Sep	27,9°	33,1°	38,2°	43,4°	38,2°	33,1°	27,9°
Okt	19,4°	23,8°	28,3°	32,7°	28,3°	23,8°	19,4°
Nov	14,8°	19,5°	24,2°	19,5°	14,8°	10,2°	5,5°
Dez	11,3°	15,4°	19,4°	15,4°	11,3°	7,3°	3,2°

Tabelle 10 - Sonnenwinkel zum Boden am Beispiel München

Diese Tabelle ist Teil einer konkreten Berechnung für eine Solaranlage und führt zu weit besseren Ergebnissen als eine Mittelwertberechnung.

Die Winkel ergeben eine entsprechende Auftrefffläche (Länge des Schattens). Trifft die Sonne senkrecht auf, was nur auf steilen Dächern möglich ist, werden es 90°. Aus 1 m^2 Sonneneinstrahlung werden 1 m^2 Auftrefffläche.

Wie Abbildung 7 zeigt, werden bei 22° Einstrahlung aus 1 m 2,669 m. Die Energiemenge verteilt sich auf eine größere Fläche. 1.100 / 2,669 = 412 W/m^2.

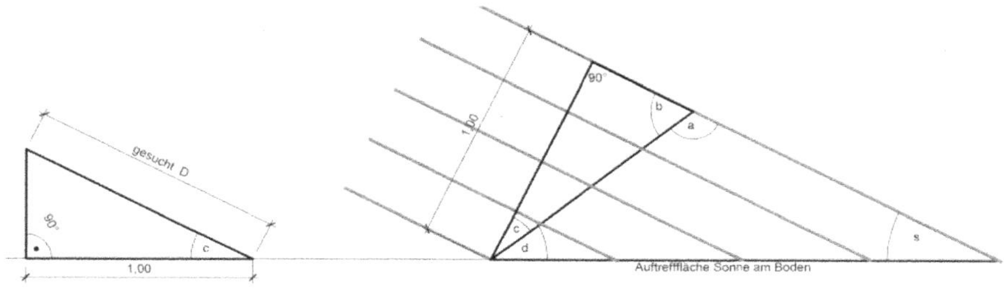

Abbildung 8 – Einstrahlwinkel der Sonne auf eine waagrechte Fläche

Es gibt einen interessanten Effekt, der nicht das Klima betrifft, sondern den **Solargewinn durch Fenster** in unseren Häusern. Er wurde bereits angesprochen und ergibt sich aus Abbildung 7.

Viele glauben (eigentlich fast alle), dass es den Boden erwärmt, wenn die Südsonne im Winter durch Glas auf den Fußboden scheint. Nur stimmt das nicht - der Grund ist allein der Winkel.

Dazu kommt, dass übliches Isolierglas nur etwa 62 % der Sonnenstrahlung durchlässt. **Die Wintersonne bringt keinerlei Solargewinn**, außer sie trifft eine senkrechte Innenwand, was nur bei schmalen Räumen der Fall wäre.

Wenn der beheizte Fußboden im Haus im Winter bei 24 °C mit 441 W/m^2 abstrahlt, dann muss die Sonne mindestens 441,1 W/m^2 auf den Fußboden liefern, damit der Boden minimal erwärmt wird. Unter 441 W/m^2 kühlt die Sonnenstrahlung sogar den Boden, nur kompensiert das die Bodenheizung.

Wie man sieht, wird nicht nur Klima teilweise an der Wirklichkeit vorbeigerechnet - was beim Hausbau bei Weitem nicht so schlimm ist wie beim Klima. Das führt dort nur zu falschen Planungsvorgaben. Südverglasung mag angenehm sein, aber den erwarteten Solargewinn gibt es zwischen Mitte Oktober bis Mitte März nicht. Den gibt es im Winter nur auf senkrechte Außenwände, aber der wiederum wird von derselben Norm faktisch auf null gesetzt.

Das Problem sind immer wieder die Mittelwerte. Wenn man es mit ihnen übertreibt, werden die Ergebnisse schnell unbrauchbar.

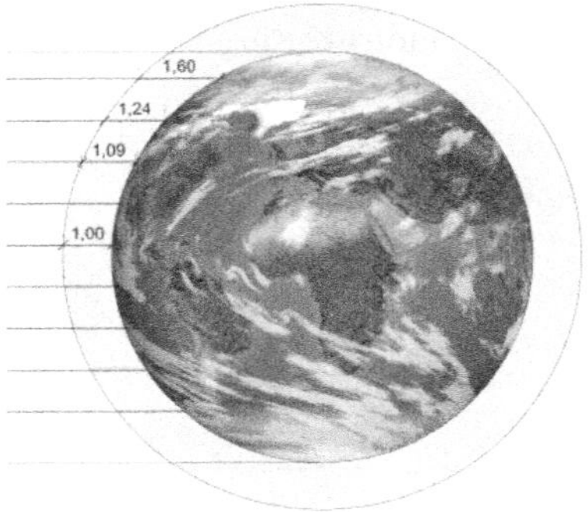

Abbildung 9 – Wegstrecke der Sonnenstrahlung durch die Atmosphäre

Wie Abbildung 9 zeigt, hat die Sonneneinstrahlung auf Mitteleuropa eine um den Faktor 1,34 bis 2,669 längere Wegstrecke durch die Atmosphäre.

Dazu kommt der Einstrahlwinkel. Bei 22° Sonnenhöhe werden aus 12 km rund 32 km Luftschicht. Die Strahlung trifft auf weit mehr Partikel in der Luft.

Die Strahlung trifft zudem zweimal schräg auf dem Boden. Das lässt sich zeichnerisch kaum mehr darstellen. Diese 2-fache Schräge ergibt sich aus:

- Sonnenstand als vertikale Abweichung
- Azimutwinkel als horizontale Abweichung außer Süden
- Auftrefffläche

In dieser sogenannten Dämpfung ist aber nicht nur der Streuverlust der Luft enthalten, sondern weit mehr noch die zweifach geneigte Auftrefffläche der Sonne auf den Boden.

Dämpfung der **Strahlungsleistung** bei Südausrichtung in Prozent:

Süd	*7*	*8*	*9*	*10*	*11*	*12*	*13*	*14*	*15*	*16*	*17*	*18*	*19*
Jan			83%	67%	60%	57%	60%	67%	83%				
Feb		87%	65%	54%	49%	47%	49%	54%	65%	87%			
Mrz		64%	50%	43%	39%	38%	39%	43%	50%	64%	89%		
Apr	64%	49%	40%	35%	33%	32%	33%	35%	40%	49%	64%	91%	
Mai	52%	42%	35%	**32%**	**30%**	**29%**	**30%**	**32%**	**35%**	42%	52%	71%	98%
Jun	48%	39%	34%	**30%**	**29%**	**28%**	**29%**	**30%**	**34%**	39%	48%	64%	89%
Jul	50%	40%	34%	**31%**	**29%**	**28%**	**29%**	**31%**	**34%**	40%	50%	67%	93%
Aug	58%	45%	38%	**33%**	**31%**	**30%**	**31%**	**33%**	**38%**	45%	58%	82%	
Sep		56%	45%	39%	36%	35%	36%	39%	45%	56%	77%		
Okt		77%	58%	49%	44%	43%	44%	49%	58%	77%			
Nov			77%	63%	56%	54%	56%	63%	77%				
Dez			89%	72%	64%	61%	64%	72%	89%				

Tabelle 11 – Strahlungsminderung der Sonne auf 20° neigte Kollektoren im Süden – obere Zeile ist die Uhrzeit

Die Prozentzahlen in Tabelle 11 zeigen die Abminderung der Strahlung, die auf dem Dach ankommt, am Beispiel München.

Im Januar 9 Uhr morgens wird die Sonneneinstrahlung um 83 % reduziert. Hier ist schon eingerechnet, dass die Sonnenstrahlung im Grunde 2-fach schräg auf die Erdoberfläche (oder hier Dachfläche) fällt.

Die geringste Abschwächung gibt es im Hochsommer. Das wissen wir auch so, aber die absoluten Einstrahlwerte in W/m^2 sind interessant:

Hier die **gedämpfte Strahlungsleistung** bei Südausrichtung:

Süd	*7*	*8*	*9*	*10*	*11*	*12*	*13*	*14*	*15*	*16*	*17*	*18*	*19*
Jan			115	259	348	377	348	259	115				
Feb		87	280	425	510	539	510	425	280	87			
Mrz		300	489	622	699	725	699	622	489	300	70		
Apr	293	510	677	791	857	878	857	791	677	510	293	53	
Mai	448	640	786	**884**	**936**	**952**	**936**	**884**	**786**	640	448	217	11
Jun	513	693	828	**917**	**962**	**974**	**962**	**917**	**828**	693	513	297	70
Jul	488	672	812	**904**	**953**	**967**	**953**	**904**	**812**	672	488	266	42
Aug	368	574	731	**838**	**898**	**917**	**898**	**838**	**731**	574	368	126	
Sep		392	573	698	772	795	772	698	573	392	161		
Okt		166	363	503	586	614	586	503	363	166			
Nov			161	307	395	425	395	307	161				
Dez			73	211	300	330	300	211	73				

Tabelle 12 - Strahlungsleistung der Sonne auf geneigte Kollektoren im Süden, gedämpft, Einheit W/m^2

In der Tabelle sind Werte unter 420 W/m^2. Die sollte man löschen, weil sie nicht erwärmen können. 420 W/m^2 entsprechen 20,4 °C.

Hier die korrigierte **gedämpfte Strahlungsleistung** bei Südausrichtung:

Süd	*7*	*8*	*9*	*10*	*11*	*12*	*13*	*14*	*15*	*16*	*17*	*18*	*19*
Jan													
Feb				425	510	539	510	425					
Mrz			489	622	699	725	699	622	489				
Apr		510	677	791	857	878	857	791	677	510			
Mai	448	640	786	**884**	**936**	**952**	**936**	**884**	**786**	640	448		
Jun	513	693	828	**917**	**962**	**974**	**962**	**917**	**828**	693	513		
Jul	488	672	812	**904**	**953**	**967**	**953**	**904**	**812**	672	488		
Aug		574	731	**838**	**898**	**917**	**898**	**838**	**731**	574			
Sep			573	698	772	795	772	698	573				
Okt				503	586	614	586	503					
Nov						425							
Dez													

Tabelle 13 – Wie Tabelle zuvor, jedoch Werte unter 400 W/m^2 gelöscht

Ist die Erdoberfläche im Winter 6 °C kalt, strahlt sie 344 W/m^2 ab und brächte mindestens 345 W/m^2, um geringfügig wärmer zu werden. Werte unter 344 werden aus Tabelle 12 gelöscht. Dann ergibt sich Tabelle 13.

In diesen Stunden kann die Sonne den Boden nicht aktiv erwärmen, weil die Sonne weniger einstrahlt, als der Boden zeitgleich abstrahlt.

Hier ließe sich einwenden: »*Aber ein bisschen Einstrahlung ist doch besser als gar keine.*« Der Boden erwärmt sich nicht, aber er kühlt weniger schnell aus. Stimmt das wenigstens? Leider nein.

Abbildung 10 – Auto unter Carport – Bildquelle www.pineca.at

Das Auto unter einem Carportdach strahlt Wärme nach oben. Da das Dach auch eine Temperatur hat, strahlt das Dach zurück – auf der Karosserie stellt sich eine Mitteltemperatur ein. Das Auto wird zwar kälter, aber nicht so kalt wie unter freiem Himmel. Auch fällt von oben kein Wasserdampf auf das Blech, der dort kondensiert. Das Dach ist wie ein Regenschirm, auch für Dampfkristalle.

Derselbe Fall, das Auto steht im Freien, ohne Carport. Die Sonne scheint herab. Stellt sich dann auch eine Mitteltemperatur ein? Nein, denn das Carportdach hat reale Wärmeflächen im gleichen Raum – die Sonne dagegen ist ein Scheinwerfer, der nicht zurückstrahlt, wenn er angestrahlt wird.

Das ist eine wichtige Verständnisfrage.

- Annahme: Boden strahlt bei 16° 398 W/m^2 ab.
- Sonne strahlt 300 W/m^2 herunter.

Was passiert?

- Reduzieren die Bodenmoleküle ihre Schwingung auf 300 W/m^2 oder
- entsteht am Boden eine Mitteltemperatur $(398 + 300) / 2 = 349$ W/m^2?
- Oder strahlt der Boden weiterhin seine 398 W/m^2 ab?

Richtig ist Antwort 300 W/m^2. Die Sonneneinstrahlung (deren Photonen) bremsen die Schwingung der obersten Bodenmoleküle. Der Boden kühlt also etwas ab.

Diese Bewertung von Sonneneinstrahlung weicht erheblich von der allgemeinen Meinung ab, wonach einstrahlende Wintersonne den Boden immer erwärmt. Hier hilft wieder, dass man zweimal rechnen muss:

- Wie viel Wärme strahlt der Boden vor der Sonneneinstrahlung ab?
- Wie viel Wärme bringt die Sonneneinstrahlung?

Legt man zimmerwarme Butter zurück in den Kühlschrank, wird niemand behaupten, die Butter werden im Kühlschrank wärmer, obwohl die Kühlschrankwände bei 6 °C ca. 340 W/m^2 auf die Butter strahlen.

Solaranlagen für Warmwasser

Warmwassersolaranlagen sollen 60 °C (333 k) heißes Wasser erzeugen. Das erfordert mindestens $Q = \sigma \cdot 333^4 = 697$ W/m^2 Einstrahlung. Zwischen Kollektoren und dem Pufferspeicher im Keller zirkuliert eine Flüssigkeit.

Wenn die Sonne die Kollektoren nicht auf über 60 °C erwärmen kann, sollte die Solarflüssigkeit nicht zirkulieren. Sonst kühlt die Anlage das bereits gespeicherte Warmwasser. Unter ca. 697 W/m^2 schaltet die Anlage ab.

Betrachtet man Tabelle 12 noch einmal, dann ergeben sich 697 W/m^2 oder mehr nur zwischen April und September.

Thermische Solarkollektoren sollten steil montiert werden. Besser an einer senkrechten Wand als auf einem flachen Dach, denn dort bringen sie im Winter überhaupt keinen Ertrag.

Strahlt die Sonne flach auf den Boden, bedeutet das gleichzeitig: Sie strahlt sehr steil auf eine senkrechte Wand. Wer eine thermische Solaranlage auf ein flaches Dach legt, hat im Winter kaum Ertrag.

Solaranlagen für Strom

Bei Photovoltaik spielt die Temperatur keine so große Rolle, sie produzieren immer Strom, wenn es hell ist, ebenfalls abhängig von der Stärke der Einstrahlung. Anders als Warmwasserkollektoren mögen PV-Kollektoren keine Hitze, weil das den elektrischen Wirkungsgrad der PV-Module senkt. Die Halbleiter in den PV-Zellen arbeiten effizienter, je kühler er ist.

1.8. Energie für Verdunstung

Wie viel Energie ist erforderlich, damit Wasser verdunstet?

Für diese Verdunstungsenergie H gibt es eine empirische Formel[2]:

$$H = 50{,}09 - 0{,}9298 \cdot \left(\frac{T}{1000}\right) - 65{,}19 \cdot \left(\frac{T}{1000}\right)^2 \textit{ Einheit kJ je 1 Mol}$$

Setzen wir T = 16 °C (16 + 273 = 289 K) als Temperatur ein:

$$\mathrm{H} = 50{,}09 - 0{,}9298 \cdot \left(\frac{\mathbf{289}}{1000}\right) - 65{,}19 \cdot \left(\frac{\mathbf{289}}{1000}\right)^2 = 44{,}37 \text{ kJ/mol}$$

Damit 1 Mol Wasser verdunstet, sind 44,37 kJ erforderlich.

Was war noch mal 1 Mol? Materie besteht aus enorm vielen Teilchen. Mit *Mol* wurde eine eigene Einheit eingeführt. 1 Mol sind 602 Trilliarden Teilchen: $6{,}022 \cdot 10^{23}$.

1 Mol Wasser wiegt 18 g. 1 Liter Wasser hat 1000 / 18 = 55,6 Mol.

602 Trilliarden Wasserteilchen wiegen 18 g. Es wurde bewusst der Begriff *Teilchen* verwendet, weil Mol für alles Mögliche verwendet werden kann: für die Anzahl der Atome, Elektronen oder anderes. Im konkreten Fall sind es Moleküle.

1 Mol Wasser 18 g. Damit lässt sich die Verdampfungsenergie berechnen:

$$H = \frac{44{,}37}{18} = 2{,}47\ kJ/g$$

Damit 1 g Wasser verdunstet, sind 2,47 kJ erforderlich. Das sind 2.470 kJ für 1 Liter.

Umrechnung kJ in Wattstunden: 2.470 /3,6 = 685 Wh je kg Wasser.

Wenn das zu viel Formelwerk war:

Damit 1 Liter Wasser verdunstet, sind 685 Watt erforderlich.

---

[2] Stull, D. R. (1947): "Vapor Pressure of Pure Substances. Organic and Inorganic Compounds", *Industrial & Engineering Chemistry*, 39(4), 517–540.

Scheint die Sonne mit 685 W/m^2 auf eine Wasserfläche, verdunstet 1 Liter Wasser. Die Sonne liefert 24 Stunden am Tag 160 W/m^2 pro Stunde. Davon dienen 84 W/m^2 der Verdunstung. Das sind pro Tag:

24 h · 84 W/m^2 = ca. 2.000 Wh/m^2.

Pro Tag verdunsten durch die Sonne 2.000 / 685 = ca. 2,92 Liter Wasser, weltweit im Mittel. Das deckt sich mit den tatsächlichen Regenmengen. Die in der IPCC-Grafik angesetzten 84 W/m^2 sind korrekt – und trotzdem nutzlos, wenn es darum geht, die Erwärmung des Klimasystems zu erfassen, die sich über dem Festland abspielt. Denn auf dem Festland verdunstet nur etwa ein Drittel, in Städten fast nichts. Das bedeutet:

- 160 (Sonne) - 21 (Luft) - 82 (Verdunstung) = 57 W/m^2 auf der Tropeninsel, sondern
- 160 (Sonne) - 21 (Luft) - 30 (Verdunstung) = 110 W/m^2 auf dem Festland oder
- 160 (Sonne) - 21 (Luft) - 5 (Verdunstung) = 134 W/m^2 auf dem Festland.

Das ist die Erklärung, warum es in Städten spürbar wärmer ist. Das hat wenig mit sonst geäußerten Gründen zu tun wie viel Speichermasse oder heißer Asphalt, denn der heiße Asphalt wirkt sich nur auf die 21 W/m^2 der *sensible heat* aus.

Im Städtebau weiß man schon lange, dass Wasser und Pflanzen helfen. Aber physikalisch ist das eher ein Tropfen auf das heiße Flachdach, es sei denn, man würde alle Dächer als Pools ausbilden. Das würde die Verdunstungsrate um ca. 10 % anheben, bezogen auf die Stadtfläche.

Trotzdem ist es eine gute Idee, in Städten mehr Wasserflächen und Bäume anzubieten, denn rund um diese Flächen ist es im Sommer spürbar kühler.

Was geschieht mit dieser Verdunstungsenergie?

Werden diese 82 W/m^2 als Kondensationswärme in den Wolken frei? Dann wären diese 82 W/m^2 für den Boden tatsächlich weg.

Für den Boden sind die 82 W/m^2 verloren, aber das Klimasystem umfasst auch die Luftschicht. Was bewirken diese 82 W/m^2 in der Luftschicht?

Ein Teil strahlt nach oben ab, denn das sind Tröpfchen, die richtig abstrahlen können. Was macht der Rest? Die Tröpfchen verbinden sich mit anderen, sie werden größer und schließlich zu Eiskristallen. Sie fallen dann – bedingt durch die Schwerkraft - herunter.

Hier kommt noch etwas Wichtiges:

Tröpfchen verbinden sich in der Luft nicht einfach so. Sie brauchen ein Partikel. Dort haften sich die ersten Moleküle an – wie der Dampf beim Duschen im Bad. Ohne Oberfläche kein Dampf. Meist sind das Pollen oder auch jeder anderen Feinstaub. In jedem Tropfen steckt ein harter Kern ...

Die 82 W/m² entweichen pro Stunde zum großen Teil aus dem Klimasystem.

Aber 82 W/m² zum Verdunsten sind zu pauschal als Mittelwert für 71 % Wasseroberfläche und 29 % Festland. Für eine Globalgrafik mag das gehen, aber was uns interessiert, ist das Festlandklima. Wäre es zu viel verlangt, wenn der IPCC auch eine Festlandgrafik erstellt hätte?

Das sind die Kleinigkeiten, bei denen man merkt, dass der ICC kein großes Interesse daran haben dürfte, dass ihre Berichte überhaupt jemand liest.

Für das Kontinentalklima ist die Verdunstungswärme weitaus geringer. Auch deshalb wird es über den Ozeanen nur unwesentlich wärmer, aber über dem Festland der Industrienationen umso mehr. Dort wurde es **in 30 Jahre um 1,8 °C wärmer!**

Die Hälfte der Sonnenenergie dient dem Verdunsten. Das ist erstaunlich viel. Wie viel kommt davon wieder zurück zum Boden, wenn es regnet?

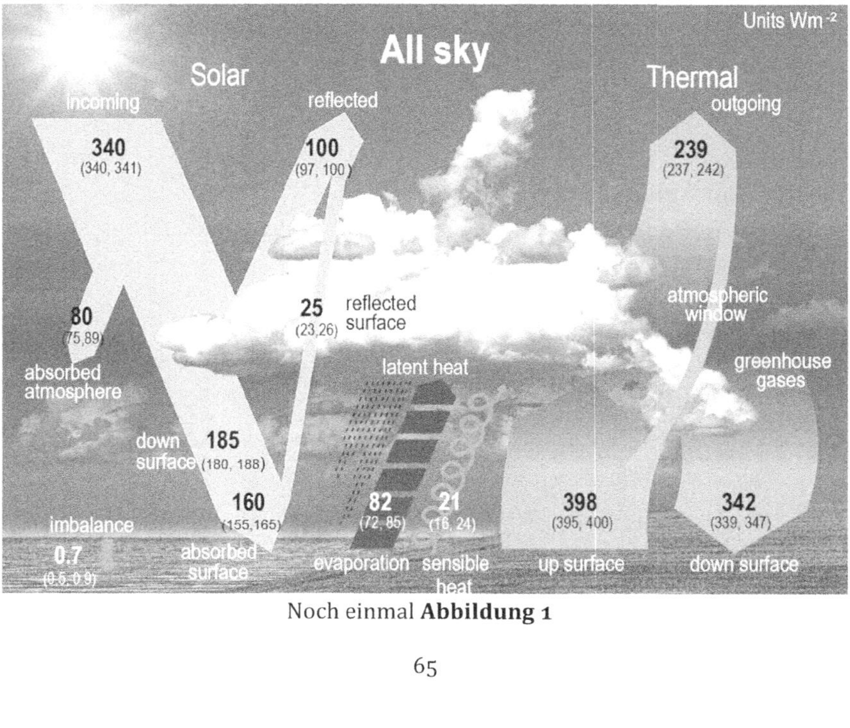

Noch einmal **Abbildung 1**

Betrachten wir noch einmal Abbildung 1 – diesmal nur die 82 W/m^2 für Verdunstung (*evaporation*) Der Pfeil reicht zu den Wolken. Aber wie geht es mit den 82 weiter?

Betrachten wir dafür einen Topf mit kochendem Wasser. Warum spart es Energie, auf den Topf einen Deckel zu geben?

Der Deckel wird fast so heiß wie das Wasser, somit reduziert der Deckel die Wärmeabstrahlung nicht. Aber auf der Unterseite des Deckels sammeln sich Tröpfchen. Sie fallen wieder ins Wasser zurück. Damit bekommt das Wasser die Energie zurück, die beim Verdunsten aufgewendet wurde.

Was beim Topf der Deckel, sind in der Atmosphäre die Wolken. Wenn sich dort die Moleküle zu Tröpfchen verbinden, sammeln sie sozusagen die Verdunstungsenergie wieder ein.

Diese Prozesse sind etwas verwirrend, denn wenn mit dem Regen auch die Verdunstungswärme wieder zum Boden zurückkehren würde, dann wäre das ja ein geschlossener Kreislauf, ein *Perpetuum mobile*. Einmal 82 W/m^2 zugeführt und Wasserdampf steigt auf, fällt herunter, steigt wieder auf und so weiter. Doch so ist es nicht.

Der physikalische Ablauf:

1. Am Boden:

- Wasser verdunstet: Flüssiges Wasser wird zu Wasserdampf.
- Dafür braucht es Energie: 2.470 kJ pro kg Wasser (ca. 685 Wh).
- Diese Energie wird dem Boden/Wasser entzogen.
- → Der Boden kühlt dadurch ab!

2. In der Atmosphäre:

- Der Wasserdampf steigt auf – oft durch Konvektion (Warmluftaufstieg).
- In kälteren Höhen kondensiert der Dampf zu Tröpfchen.
- Jetzt wird genau dieselbe Energie wieder freigesetzt – aber oben in der Atmosphäre.

Diese Energie:

- wärmt die umgebende Luft
- kann als Wärmestrahlung (teilweise) ins Weltall entweichen
- kann weitere Aufwinde oder Wolkenbildung antreiben

Fazit: Die Verdunstungsenergie wird nicht am Boden freigesetzt – sondern in der Höhe, beim Kondensieren.

1.9. Regnet es mehr oder weniger?

Der Gedanke ist naheliegend. Doch es regnet nur unwesentlich mehr. Das zeigt bereits die zuvor genannte Formel. Gibt man darin verschiedene Temperaturen ein, sind die Unterschiede minimal. Selbst bei -20 °C würde Wasser verdunsten – wenn es nicht gefroren wäre.

Wassertemperatur	Wh je 1 Liter
-20 °C	704,9
-10 °C	699,6
0 °C	694,0
16 °C	684,7
17 °C	684,1
20 °C	682,3
30 °C	676,2
100 °C	627,6

Tabelle 14 - Verdunstungsenergie bei anderen Wassertemperaturen

Es gibt im Wesentlichen zwei Gründe, warum es kaum mehr regnet als früher:

- Über den Ozeanen wurde es kaum wärmer und
- die verdunstende Wassermenge ist wenig von der Temperatur abhängig.

Eines von zahllosen genialen Mechanismen der Natur ist, dass diese hohe Verdunstungsenergie dafür sorgt, dass sich Ozeane nur mäßig aufheizen, weil ein großer Teil der einstrahlenden Sonne in Verdunstung umgewandelt wird.

Dabei werden die Wassermoleküle aus ihrem Verband gelöst und in diesem Moment entsteht keine Erwärmung. Auch die hohe Wärmekapazität schluckt viel, allerdings erwärmt das auf die Dauer die Ozeane stärker in die Tiefe.

Diese Verdunstungsenergie ist ein enormer Schutz für die Ozeane und mit ein Grund, warum wir ein lebenswertes Klima haben. Anstatt dass die tropischen Ozeane mittags zu Sieden beginnen, entsteht Wasserdampf, der später zu Regen wird. **Fast der gesamte Regen stammt von den Ozeanen.** Das erklärt auch, warum Regionen umso weniger Regen abbekommen, je weiter sie von Ozeanen entfernt liegen.

Egal, ob Wasser 16 °C warm ist oder 30 °C, der Unterschied der Verdunstungsmenge ist wie gesagt minimal. Das belegt die obere kleine Tabelle.

Zwar gibt es weitere Kriterien wie Wind, Luftfeuchtigkeit, Vegetationsbedeckung, aber das dürfte sich nicht großartig verändert haben in den letzten Jahrzehnten.

- Bei 16 °C Lufttemperatur sind 684,7 Wh pro 1 Liter nötig.
- Bei 17° sind es 684,1 Wh.
- Wird es 1 °C wärmer, regnet es nur 0,1 % mehr.

So gesehen regnet es durch die Erwärmung um 1,5 °C nur um 0,135 % mehr. Das merken wir im Alltag nicht.

Aber es wird fast überall über mangelnden Regen geklagt. Das kann zwei Gründe haben:

- Wir brauchen mehr Wasser als früher.
- Das Wetter wird langsamer.

  Mal schüttet es wie aus Eimern - dann wochenlang gar nichts.

Deckt sich dieses Gefühl mit statistischen Daten? Also nicht die Regenmenge ändert sich, sondern die Zeit des Regens?

Das lässt sich über den Umweg von Starkregenfällen ermitteln. Wenn es an solchen Tagen viel mehr regnet als früher, aber die Gesamtregenmenge bleibt gleich, dann regnet es zwischen diesen Starkregenereignissen zwangsläufig weniger.

Auf den Regen geht der IPCC intensiv ein, um auch mal etwas Gutes zu schreiben. Nur ist das leider alles mit dem CO_2 verkettet – um damit ist es leider wieder schlecht.

Vor allem die Mittelmeerländer klagen über zu wenig Regen, doch das lenkt davon ab, dass dort für den intensiven Obstanbau einfach zu viel Wasser benötigt wird. Für 1 kg Erdbeeren sind 300 - 500 Liter Wasser erforderlich, in Südspanien noch mehr. **Selbst wenn es in Spanien so viel regnen würde wie in England – es wäre zu wenig.**

Es ist besorgniserregend, dass es um 1,8 °C wärmer wurde. Aber das darf nicht zum Anlass genommen werden, alles diesen 1,8 °C in die Schuhe zu schieben.

Auf dem europäischen Festland regnet es Richtung Osten immer weniger. Die Wolken regnen vorher schon ab.

1.10. Waldbrände

Kein Jahr vergeht, ohne dass Waldbrände reflexartig dem Klimawandel zugeschrieben werden. *Ein heißerer Sommer → mehr Brände.* Die physikalischen, biologischen und statistischen Grundlagen geben diesen direkten Zusammenhang nur bedingt her.

Der IPCC schreibt dazu:

»The risk of wildfire increases along with an increase in global temperatures ... With 4 °C global surface air temperature warming by 2100, wildfire frequency is projected to have a net increase of ~30 % (medium confidence)[3]*.«*

Mit 4 °C mehr also 30 % mehr Waldbrände?

Der IPCC selbst stuft diese Projektion nur mit **mittlerem Vertrauen** ein. Das ist ehrlicher als »hohe Sicherheit« – aber gleichzeitig werden ganze Waldregionen zu potenziellen Fackeln erklärt.

Die Entzündungstemperatur von Holz liegt – je nach Wassergehalt – zwischen 220 und 300 °C. Feuchtes Heu kann sich mikrobiologisch bereits bei etwa 70 °C selbst entzünden – aber nicht im trockenen Wald.

Ein Waldbrand braucht eine offene Flamme, Glut, Funkenflug, Blitzschlag – oder menschliche Unachtsamkeit. Ob Gras bei 40 °C trockener ist als bei 36 °C, ist kaum relevant – entscheidend ist die Dauer der Trockenheit, nicht das Temperaturmaximum.

Ein brennbares Holzregal fängt nicht von selbst Feuer, nur weil sich der Raum um 2 °C erwärmt. Es braucht einen Funken. Der wird meist durch Menschen geliefert – nicht durch das Klima. Achtlos weggeworfene Zigaretten können trockenes Gras entzünden, wenn die Glut entsprechend zum Grashalm liegt.

Der IPCC schreibt: *»... wenn es bis zum Jahr 2100 um 4 °C wärmer wurde.«*

Diese Einschätzung mit den 4 °C wird in diesem Buch geteilt, vermutlich werden es noch mehr als 4 °C. Aber letztlich meint der IPCC: Wenn wir das CO_2 nicht reduzieren, brennen in 75 Jahren 30 % mehr Wälder. Und diese Kombination ist nicht richtig.

---

[3] Fact Sheet – Biodiversity, Teil des WGII-Factsheets, November 2022

1.11. Bedeutung der Wolken

Wolken sind für das Klima von fundamentaler Bedeutung, das erleben wir jeden Tag. Auch wenn der Himmel wolkenverhangen ist, oberhalb der Wolken scheint immer dieselbe Sonne.

Wolken sind der Sonnenschirm des Klimas.

Warum spielt die Bewölkung eine so untergeordnete Rolle in den Klimaberichten? Weil es sehr schwer ist, sie zu erforschen. Das stimmt. Aber es gibt einen Indikator, mit dem es leicht möglich ist: Die Anzahl der Sonnenstunden.

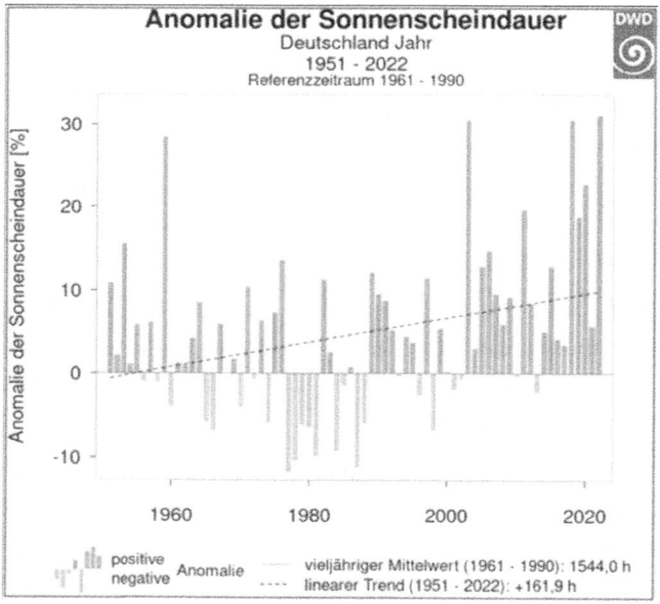

Abbildung 11-Sonnenstunden seit 1951 in Deutschland–

Bildquelle: Deutscher Wetterdienst DWD

Es gibt immer mehr Sonnenstunden[4] – also wird die Bewölkung weniger oder dünner. Oder gibt es dafür eine andere Erklärung?

---

[4] Insgesamt brachte das Jahr 2020 im Deutschlandmittel 1 896 Sonnenstunden und lag damit deutlich über den mittleren Jahressummen von 1981–2010. Der Überschuss betrug 295 Stunden bzw. 18,5 % Quelle: Klimastatusbericht Deutschland Jahr 2020, Deutscher Wetterdienst DWD.

Die *Weltorganisation für Meteorologie (WMO)* definiert eine Sonnenstunde als die Zeitspanne, während der die direkte Sonnenstrahlung auf eine horizontale Fläche mindestens 120 W/m² beträgt.

Gemeint ist die direkte (!) Einstrahlung, nicht die diffuse, die es auch bei Bewölkung gibt. Sobald es hell ist, trifft nicht nur Lichtstrahlung auf den Boden, sondern auch Wärmestrahlung.

18,5 % mehr Sonnenstunden binnen ca. 30 Jahren!

Deshalb müsste es intuitiv deutlich wärmer geworden sein als 1 °C.

- Das Jahr hat 365 · 24 = 8.760 Stunden.
- Davon sind je 50 % = 4.380 Tag- und Nachtstunden
- Von 4.380 Tagstunden gab es vor 30 Jahren ca. 1.600 Sonnenstunden
- Das waren 1600 / 4380 = 36,5 % Sonnenstunden
- 2020 waren es 1900 / 4380 = 43,4 % Sonnenstunden
- Zunahme Sonnenstunden 6,9 % der Sonnenstunden
- Lt. DWD: 295 zusätzliche Sonnenstunden zu 1600 = 18,5 % mehr
- Lt. DWD wurde es in diesen 30 Jahren um 1,5 °C wärmer

Auch ohne Nachrechnen wird klar, dass 1,5 °C durch 18,5 % mehr Sonnenstunden mehr als plausibel sind.

		Jahr 1990	Jahr 2020
Tagstunden	d	4.380	4.380
Sonneneinstrahlung Sonnenstunden[5]	W/m²	250	250
Sonneneinstrahlung bewölkt	W/m²	70	70
Sonnenstunden		1.595	1.890
Bewölkte Stunden		2.785	2.490
Leistung Sonnenstunden	W/m²	91	108
Leistung bewölkte Stunden	W/m²	45	40
Summe	**W/m²**	**136**	**148**
Nach Reflexion 15 %	W/m²	115	126
Nach Verdunstung 10 % über Festland	W/m²	104	113
Temperaturzunahme			**+1,6 °C**

Tabelle 15 - Temperaturzunahme bei 18,5 % mehr Sonnenstunden

[5] Der Ansatz von 250 W/m² bei Sonnenstunden erscheint zu wenig, aber das ergibt sich aus einer Solarkollektorberechnung. Oft wird mit deutlich zu hohen Werten gerechnet.

1,5 °C in 30 Jahren sind besorgniserregend.

Es ist an der Zeit, die Fesseln des CO_2-Modells abzulegen – und stattdessen die Sonne wieder als das anzuerkennen, was sie ist: die zentrale Wärmekraft unseres Planeten.

Die Sonne hat zweifellos die Kraft, die Erdoberfläche stärker zu erwärmen – über den Umweg einer etwas reduzierten Bewölkung.

Ein kausaler Zusammenhang mit unserem Weltenergieverbrauch, der nur über 0,6 % der Erdoberfläche freigesetzt wird, dürfte wahrscheinlich sein.

Hier liegt mit hoher Wahrscheinlichkeit der wahre Grund für die Erwärmung vor allem über dem Festland. Weniger Wolken = mehr Sonne. Daran kann es keinen Zweifel geben. Höchstens über die absolute Wärmemenge.

Eigentlich könnte dieses Buch nur aus diesem Kapitel bestehen, denn klar ist: Geht die Bewölkung zurück, kommt mehr Sonne auf den Boden.

Die Liste der Fehler im IPCC-Klimabericht ist lang, aber dass dann auch noch der Rückgang der Bewölkung ignoriert wird, ist grob fahrlässig.

Wer sich ernsthaft mit Ursachen der Klimaerwärmung befassen will, kommt an den Sonnenstunden nicht vorbei.

Sie sind nicht hypothetisch, nicht modelliert, nicht umstritten – sondern ganz einfach gemessen. Mehr Sonne bedeutet mehr Erwärmung, das weiß jedes Kind.

Wenn dieser Zusammenhang ausgerechnet in einem *Klimabericht* ignoriert wird, dann stellt sich die Frage: **Warum**?

Vielleicht ist die Antwort ernüchternd einfach: Weil es nicht ins Dogma passt. Denn wo die Sonne als Hauptursache erscheint, verliert CO_2 seine Bedeutung. Und genau das darf offenbar nicht sein.

1.12. Polareis

Die Eisfläche des Nordpols geht zurück – es wäre ein Wunder, wenn dem nicht so wäre, da mehr warme Luft dorthin strömt. Aber welche klimatischen Folgen hätte das?

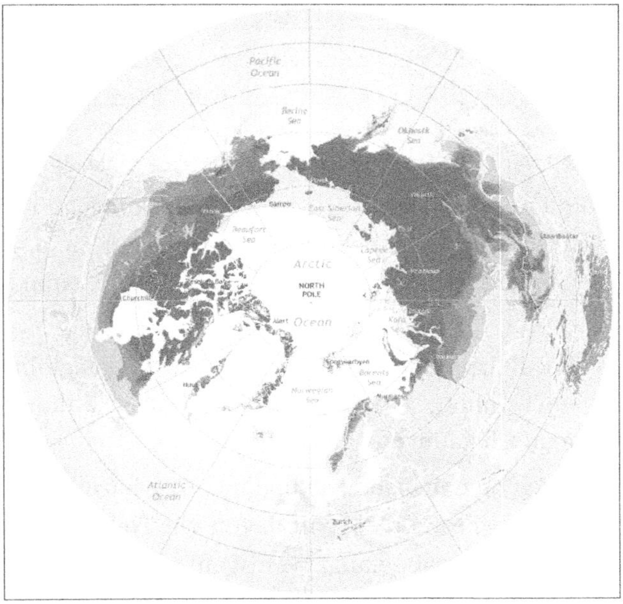

Abb. 12 - Nordpol – Quelle: European Environment Agency (2017)

Die Eisfläche am Nordpol schwankt zwischen 4,5 Mio. km² im polaren Sommer und 13 Mio. km² im Winter. In einem Jahr schmelzen am Nordpol 8,5 Mio. km² Eis, das ist fast die Fläche von Europa, USA oder China! Dieses Eis wächst jedes Jahr neu nach. Laut Klimabericht werden es jedes Jahr 48.000 km² weniger Eis. Aber weniger von was?

48.000 km² sind nur 0,5 % der mittleren natürlichen Eisschmelze. Der Sommer am Nordpol ist kurz und dennoch schmelzen 8,5 Mio. km².

Bei angenommenen 90 Sommertagen schmelzen pro Tag etwa 90.000 km² Eis. Jeden Tag die Fläche Österreichs! Und jeden polaren Wintertag bildet sich am Nordpol die Fläche Österreichs wieder neu!

Aber nehmen wir an, die Eisfläche wird im Mittel tatsächlich weniger.

Man darf nicht nur die Fläche des zurückgegangenen Eises ansetzen, sondern die Sonneneinstrahlung auf die damit freigewordene Wasserfläche:

	Mio. km²	**Sonne W/m²**	**Stunden/Jahr**	**kWh/ Jahr**
Erdoberfläche	510	240	4.380	$5{,}5 \cdot 10^{23}$
Nordpoleis als Eis	8,5	140	2.190	$2{,}6 \cdot 10^{21}$
10 % als Eis	0,85	23	2.190	$4{,}3 \cdot 10^{19}$
10 % als Wasser	0,85	23	2.190	$42{,}6 \cdot 10^{20}$
Verhältnis	**0,017**	**Gesamteis zu Erdoberfläche**		**0,005**
10 % Wasser zu Eis		**10 % Wasser zu 10 % Eis**		**6,1**

Tabelle 16 – Anteil Nordpol-Eis an gesamter Erdoberfläche, inkl. Albedo bei W/m²

Der Nordpol umfasst in seiner mittleren Eisbedeckung ca. 1,7 % der Erdoberfläche. Aber die Sonneneinstrahlung beträgt nur ca. 0,5 %. Um den Faktor 3,5 Die Sonne strahlt nur flach auf den Nordpol, einige Monate gar nicht.

Geht das Eis zum Beispiel um 10 % zurück, wären das global ca. 0,05 % mehr Sonneneinstrahlung, bezogen auf die Globalstrahlung. Das dürfte sich gesamtklimatisch kaum auswirken.

Das soll den Rückgang der Eisbedeckung nicht verharmlosen. Am Südpol liegt das Eis auf dem Festland. Wenn davon ein Teil schmilzt, steigt der Meeresspiegel. Zum Südpol gelangt weit weniger zusätzliche Wärme als zum Nordpol, weil es dort weit weniger Festland mit Industrie und hohem Energieverbrauch gibt.

Es wäre wünschenswert, wenn Institutionen und Medien das sachlicher darstellen würden. Spüren die Verfasser solcher Schlagzeilen nicht, dass es auch ihr Klima ist – und das ihrer Kinder, Enkel, Freunde und Bekannten? Was ist so toll daran, apokalyptische Szenarien unter die Leute zu bringen? Nur wegen einiger Klicks und medialer Aufmerksamkeit? Kann Ehrgeiz so groß sein im Vergleich zum Bildungsauftrag zur Aufklärung?

Die Erwärmung des Klimasystems betrifft die Regionen auf der Nordhalbkugel, wo es viel Energieverbrauch gibt. Damit haben wir genug zu tun. Das Eis am Nordpol wirkt sich auf das Gesamtklima auf der Nordkugel nur sehr gering aus. Auch werden nicht – wie in der Tabelle angenommen – 10 % Eis schmelzen, denn auch wenn es dort 2 °C wärmer wird, liegen die meisten Tage trotzdem deutlich unter 0 °C.

TEIL 2 – DER WELTKLIMARAT IPCC

Um das Jahr 1985 wurde befürchtet, dass mit dem Klima irgendetwas nicht stimmen könnte. Die Vereinten Nationen gründeten im Dezember 1988 in Genf den Klimarat *Intergovernmental Panel on Climate Change* (IPCC). Er sollte alles zusammentragen, was auf einen Klimawandel hindeutet. Oberstes Ziel war es, herauszufinden, was diesen Klimawandel auslöst.

Diese Gruppe forscht selbst nicht, sondern verteilt Forschungsaufträge. Alle paar Jahre bringt er seine Berichte heraus, die der Politik als Handlungsanweisungen dienen sollen. Das war vom Grundsatz her eine gute und richtige Entscheidung. Wie bei jeder Gründung eines Ausschusses bekam auch der IPCC eine konkrete Handlungsanweisung, und zwar von der Klimarahmenkonvention UNFCCC. Aufgaben des IPCC sind ...

»... Änderungen des Klimas, die unmittelbar oder mittelbar ***menschlicher Aktivität*** *zugeordnet sind und die Zusammensetzung der globalen Atmosphäre verändern und die zu der über vergleichbare Zeiträume beobachteten natürlichen Klimavariabilität hinzukommen.«*

Ein natürlicher Klimawandel interessiert nicht, sondern nur *menschliche Aktivität*. Die zweite Einengung ist, dass es nur um die *Zusammensetzung der Atmosphäre* geht. Der Fehler an dieser Handlungsanweisung an den Klimarat: **Ein echtes Klimamodell muss erklären können, wie es früher zu Eis- und Warmzeiten kam.** Nur so lässt sich unser menschlicher Beitrag quantifizieren!

Natürlich kann man per Handlungsanweisung die Betrachtung einschränken. Wenn es beim Dach hineinregnet, wird man nicht nachzusehen, ob der Keller dicht ist. Nur war die Aufgabe, nach dem Auslöser eines Klimawandels zu suchen, vollkommen neu. Es gab keinerlei Quellen dazu.

Es heißt, man könne nicht herausfinden, wie sich früher das Klima gewandelt hat. Aber man kann Vermutungen anstellen und prüfen.

Die Sonne könnte früher mehr als 1.361 W/m^2 abgestrahlt haben. Das wird man rückblickend nicht mehr herausfinden. Die Bewölkung wäre eine plausible Möglichkeit. Je 1 % Wolken halten ca. 3 W/m^2 vom Boden ab. Wir haben derzeit eine Erwärmung um etwa 3 W/m^2.

Was, wenn die Bewölkung um 1 % zurückging in den letzten Jahrzehnten? Und sie ging um 1 % zurück, das weiß man durch die Zunahme an Sonnenstunden, denn sie können nur zunehmen durch eine dünnere Bewölkung.

Damit ließen sich zwar frühere Klimawandel nicht beweisen, denn richtig beweisen wird man das nie können. Aber es wäre eine plausible These, die eine Verbindung herstellen kann zwischen dem heutigen Klimawandel und früheren.

Die Entscheidung, den Auftrag auf menschliche Emissionen und atmosphärische Zusammensetzung zu fokussieren, war konzeptionell problematisch. Dadurch wurde der Blick von Anfang an verengt - alternative Erklärungsversuche für die Klimadynamik gerieten in den Hintergrund oder wurden kaum untersucht.

Diese Einschränkung beim Forschen würde voraussetzen, bereits eine These zu haben, doch wie sollte die Klimarahmenkonvention UNFCCC bereits eine These gehabt haben? Noch etwas ist merkwürdig:

Gründung IPCC	1989
Gründung UNFCCC	1992

Also bekam der Klimarat erst 1992 seine Anweisung, brachte aber Ende 1990 bereits seinen 1. Klimabericht heraus, in dem er schrieb, dass es sehr wahrscheinlich am CO_2 liegt? Wie ist diese zeitliche Abfolge zu erklären?

Das legt den Verdacht nahe, dass der Fokus auf CO_2 von Beginn an gewollt war – und die spätere Rahmenkonvention hat das nur noch formalisiert. Ein offener Forschungsprozess wäre: ergebnisoffene Hypothesenbildung, vergleichende Ursachenanalyse und systematische Prüfung natürlicher wie auch anthropogener Einflüsse.

Wie auch immer:

Fast 200 Staaten haben sich im Jahr 1989 verpflichtet, ihre Klimapolitik an den Klimaberichten des Weltklimarats IPCC auszurichten. Diese Berichte sind Grundlage für CO_2-Steuern, Sanierungsvorhaben, Heizverbote, Bauvorschriften und weitere enorme Geldausgaben.

Man kann die Klimaberichte alle einsehen und downloaden: www.ipcc.ch

2.1. Pyrgeometer als Beweis?

Wie misst man Temperatur?

Thermometer zeigen eine Temperatur an, weil Materialien sich bei Wärme ausdehnen – Quecksilber steigt, Bimetalle verbiegen sich, elektronische Sensoren registrieren Spannungsänderungen. Doch Temperatur sagt nicht über die Wärmemenge – eine heiße Tasse Kaffee enthält weniger Wärme als eine lauwarme Wand, doch der Kaffee hat eine höhere Temperatur.

Die Standardmessung:

Wetterdaten beruhen auf vergleichbaren Lufttemperaturen im Schatten. Aber was zeigt ein Thermometer an, wenn man es in einer klaren Sommernacht senkrecht in den Himmel hält? Viele zeigen -20 °C bis -50 °C. Obwohl die Luft +18 °C hat. Warum? Weil die Sensoren von ihrer Umgebung (z. B. Luft) beeinflusst werden – nicht vom Himmel.

Man misst fast immer die Temperatur der Luft.

Kernfrage:

Die vorangegangenen Kapitel haben gezeigt, dass es diese Gegenstrahlung nicht gibt, denn wenn es sie gäbe, wäre alles Leben von dieser Erde verschwunden.

Wenn Pyrgeometer diese Gegenstrahlung von 342 W/m^2 messen könnten, ginge alles wieder vorne los, denn dann hätten wir 342 zu viel Wärme im Klimasystem. Doch diese Geräte messen keine Gegenstrahlung, wie nachfolgend erklärt wird.

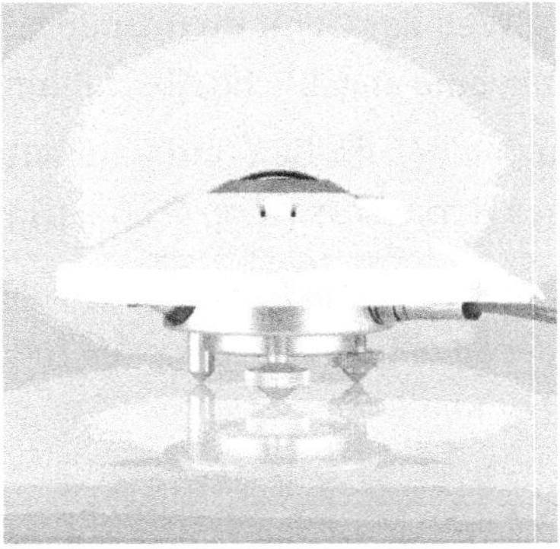

Abbildung 13 - Pyrgeometer © Fa. Kipp & Zonen

Das Pyrgeometer

Was aussieht wie ein kleiner Gaskocher, kostet etwa 2.000 €. Oben ist der Sensor, abgedeckt mit einer austauschbaren Haube aus Siliziumglas, um wahlweise unterschiedliche Wellenlängen durchzulassen. Im Inneren ist ein kleines Kästchen, das aussieht wie eine Batterie: Der **Thermistor** – ein Thermoelement, das eine elektrische Spannung aus Temperaturdifferenzen erzeugt (*Seebeck-Effekt*).

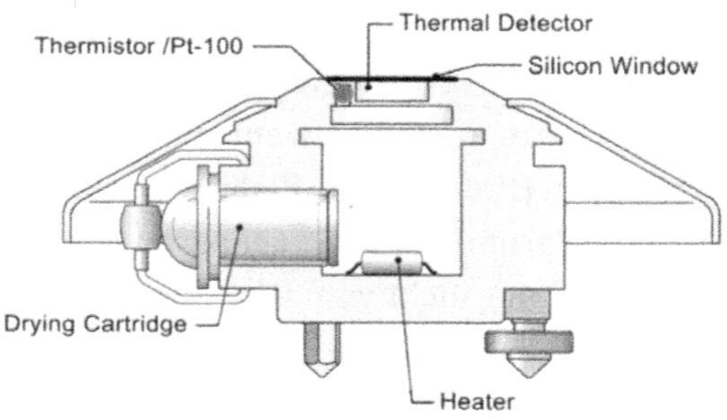

Abbildung 14 - Pyrgeometer mit Thermistor und Messpunkt der Gerätetemperatur – auf der Zeichnung oben (Thermistor Pt-100)

Wir starten das Gerät. Es steht im Freien, knapp über dem Boden. Welche Temperatur wird das Gerät haben, wenn es noch nicht läuft? Es wird so warm oder kalt sein wie die Luft. Gehäuse, Glashaube, das Geräteinnere.

Wenn die Nachtluft 10 °C kühl ist, wie warm ist das Gerät? Auch etwa 10 °C. Es mögen 9 oder 11 °C sein, aber sicher keine -50 °C oder noch kälter.

Warum ist das wichtig? Weil das Gerät im Grunde seine eigene Temperatur im Inneren umrechnet in eine angebliche Abstrahlung vom Himmel.

So steht es im Handbuch eines großen und namhaften Herstellers: Auszug aus dem Handbuch eines Herstellers (Kipp & Zonen) von Pyrgeometern:

> *Der Wert der nach unten gerichteten Langwellenstrahlung kann mit der **Formel 1** durch Messung des Spannungsausgangs der Thermosäule U_{emf} (µV), der Gerätetemperatur T_b (K) und unter Berücksichtigung des Kalibrierfaktors S (W/m²)/µV bestimmt werden.*

Die im Handbuch zitierte **Formel 1** lautet: $L = U/S + \sigma \cdot T_b^4$

Diese Formel besteht aus 2 Termen: U/S und $\sigma \cdot T_b^4$

- U/S Gemessene kleine elektrische Spannung und der Kalibrierfaktor
- $\sigma \cdot T_b^4$ Abstrahlung bei Gerätetemperatur

Recherchiert man tiefer, wird manchmal auch folgende Formel genannt:

$L = U/S + \sigma \cdot T_b^4 - \underline{k \cdot \sigma \cdot (T_d^4 - T_b^4)}$

mit T_d = Temperatur der Glashaube

- Wären beide Temperaturen gleich, wäre dieser Term null.
- In der Praxis sind beide Temperaturen auch gleich oder fast gleich.
- Die Korrektur in der Formel wäre gering.

Wird von einem Flugzeug gemessen, wären beide Temperaturen niedrig, z. B. -50 °C. Aber selbst dann ergäbe sich $\sigma \cdot T_b^4 = \sigma \cdot 223^4 = 140$ W/m².

Betrachten wir zuerst den Term $\sigma \cdot T_b^4$

- Geräte-Innentemperatur z. B. 10 °C = 283 K → Ergebnis 374 W/m².
- Wäre der andere Term U/S = 0, wäre das Messergebnis 374W/m².
- Angebliche Gegenstrahlung vom Himmel: 374W/m².
- Nur ist das die Temperatur des Geräts im Inneren!

Nun fragt man sich: Was interessiert die Geräte-Innentemperatur? Warum nimmt man nicht einfach die Temperatur des oberen Sensors?

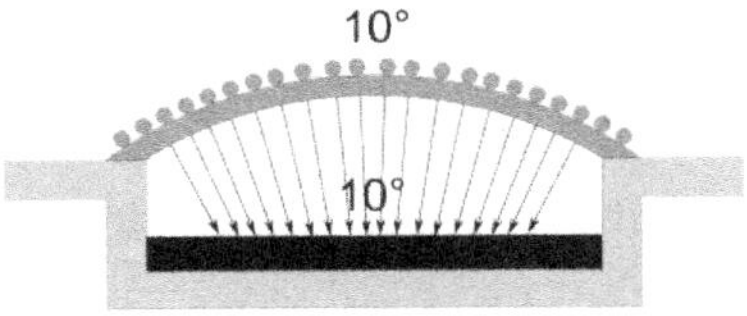

Abbildung 15 – Glashaube des Sensors

Dieser Sensor sitzt unter der Glashaube, die Wärmestrahlung durchlässt. Die Glashaube ist auch 10 °C warm und strahlt damit ungewollt 374 W/m² auf den Sensor. Der Sensor kann nicht wissen, woher diese 374 kommen.

Temperaturmessungen sind immer Vergleichsmessungen. Man braucht immer zwei Temperaturen zum Vergleichen. Die Auswahl ist begrenzt.

Den Senor muss man ansetzen, aber er meldet entweder

- die Abstrahlung der Glashaube oder
- eine stärkere Einstrahlung als die Glashaube

Ist die Haube 10 °C warm, strahlt sie 374 W/m^2 auf den Sensor. Gleichzeitig scheint die Sonne und strahlt mit 400 W/m^2 auf den Sensor.

Dann misst der Sensor die 400. Er registriert die stärkere Einstrahlung.

Aber welcher 2. Wert kann verwendet werden für die Temperatur? Da bleibt nicht viel Auswahl:

- Lufttemperatur oder
- Gerätetemperatur im Inneren

Würde es nicht genügen, nur den Sensor zu nehmen? Das geht nicht, weil solche digitalen Geräte Temperatur nicht direkt messen, sondern nur eine minimale elektrische Spannung. Schon vor Messbeginn hat das Gerät bereits eine Temperatur. Nun schaltet man das Gerät an und es misst die elektrische Spannung, die sich aufbaut zwischen

- Messwert 1 - Sensor
- Messwert 2 - Geräteinneres

Angenommen, es ergibt sich keinerlei Spannung, weil beide Teile gleichwarm sind und es auch bleiben, als idealisierte Annahme. Dann müsste das Ergebnis 0 W/m^2 sein. Ja, so denkt man und so wäre es auch richtig.

- Aber das Gerät errechnet dann 374 W/m^2.
- Es gibt dann eine angebliche Gegenstrahlung von 374 W/m^2.

Nun denkt man sich: Was soll das? Der theoretische Ansatz ist folgender:

Wenn es nachts keine Gegenstrahlung gibt, müsste der Sensor eigentlich minus 273 °C kalt sein. Ist er aber nicht. Er ist weitaus wärmer.

Aber ließe sich das nicht aus dem Spiel nehmen. Dazu müsste man den Sensor auf -273 °C kühlen. Das geht nicht.

Kann man nicht die Temperatur zurückdrehen, wie auf der Metzgerwaage, damit beim Wurstgewicht nicht das Papier mitgerechnet wird?

Denkbar wäre das: Nur interessiert der obere Sensor gar nicht so stark. Maßgeblich für das Ergebnis ist die Gerätetemperatur.

Nur, wenn es eine enorm hohe elektrische Spannung U gäbe, würde sich das Ergebnis deutlich ändern:

$L = U/S + \sigma \cdot T_b^4$ der Kalibrierfaktor S liegt i. d. Regel bei ca. 20 W/m^2

Beispiel:

- $L = U/S + \sigma \cdot T_b^4$ = $L = U/20 + 374$ – bei Gerätetemperatur 10 °C.
- Damit sich L = 0 ergibt, müsste die Spannung U = 7.480 µV sein.
- Dann hätte man keine rechnerische Himmelsstrahlung.
- In einer lauen Sommernacht ist der Spannungsunterschied gering.
- U wird etwa bei 20 µV. Auf jeden Fall weit unter 7.480.

Egal, ob etwas vom Himmel strahlt oder nicht: Das Ergebnis wäre mehr oder weniger 300 - 400 W/m^2 Gegenstrahlung.

Welche Bedingungen müssen erfüllt sein, damit diese Rechnung eine echte Strahlung vom Himmel anzeigt?

Das Problem beginnt schon damit, dass man nicht weiß, aus welcher Höhe diese Strahlung käme. Aus 12 km, 6 km oder vielleicht nur aus 1 cm Abstand zur Glashaube. Woher soll das Gerät das wissen? In der Luft gibt es Wassertröpfchen, Feinstaub, die Wärme abstrahlen.

Man will mit der Stefan-Boltzmann-Formel die Abstrahlung einer richtigen Oberfläche ermitteln, denn dafür wurde diese Formel entwickelt. Nur gibt es diese Himmel-Oberfläche nicht. Auch weiß man die Temperatur dieser Oberfläche nicht. Woher auch, wenn es sie nicht gibt? Man weiß also nichts, was in diese Formel $Q = \sigma \cdot T^4$ einsetzbar ist!

Das Ergebnis $L = U/S + \sigma \cdot T_b^4$ kann nur bei einer Bedingung keine Gegenstrahlung anzeigen:

- Bei T = -273,15 °C = 0 K und zusätzlich bei einer Spannung U = 0.

Ansonsten ergibt sich immer ein Ergebnis!

Fall 1: Nehmen wir an, es gibt eine Gegenstrahlung L = 330 W/m^2.

- Umgebungstemperatur 10 °C,
- Gerät, Sensor und Glashaube (Dom) sind dann auch ca. 10 °C warm.
- Nehmen wir an, die elektrische Spannung beträgt 800 µV,
- der Kalibierfaktor beträgt S = 20

Es ergibt sich $L = -800 / 20 + \sigma \cdot 2834 = -40 + 374 = 334$ W/m^2. Das passt.

Fall 2: Nehmen wir an, es gibt keine Gegenstrahlung

- Dann errechnet das Gerät trotzdem ungefähr 334 W/m^2.

Pyrgeometer messen keine Gegenstrahlung

Sie messen ihre eigene Temperatur und errechnen über eine Formel eine angeblich vom Himmel kommende Strahlung.

Aber kann das sein? Die Geräte werden von Ingenieuren entwickelt. Die müssen das doch wissen. Was könnten sie erwidern? Zum Beispiel das:

»Das Pyrgeometer misst Differenzen und integriert den Strahlungsfluss über den Halbraum nach unten. Die $\sigma \cdot T^4$-Term wird zur Kalibrierung verwendet, nicht als Ersatz für den Himmel.«

Zur Kalibrierung wird nicht der $\sigma \cdot T^4$-*Term* verwendet, sondern der andere Teil der Formel U/S.

- U/S ergibt für normale Außenlufttemperaturen zwischen -10 °C und + 20 °C nur kleine Werte zwischen ca. 10 bis 40 W/m².
- Maßgeblich ist der Term $\sigma \cdot T^4$. Er liefert Werte zwischen 270 und 420 W/m².
- Es kommt immer eine »Gegenstrahlung« zwischen 260 und 380 W/m² heraus.

Aber irgendwie bleibt da ein Unbehagen zurück, das dazu aufruft, die Sache noch einmal grundsätzlich zu hinterfragen.

Warum misst das Gerät nicht einfach die reale, von oben kommende Strahlung?

Tagsüber, bei starker Sonneneinstrahlung geht das. Die Sonne erwärmt den oberen Sensor über Lufttemperatur und man hat ein reales Messergebnis.

Im Grunde eine Messung wie mit einem normalen Quecksilberthermometer. Ist die Luft im Winter 0 °C kalt und scheint die Sonne auf das Thermometer, dann zeigt es zum Beispiel 40 °C an.

- Keine komplexe Formel.
- Kein Kalibrierfaktor.
- Keine Umrechnung.
- Einfach eine physikalische Wirkung – sichtbar, spürbar, reproduzierbar.

Doch nachts scheint keine Sonne.

Nun muss man mit dem Ansatz starten, dass es keine Gegenstrahlung gibt. Dann müsste das Gerät 0 W/m² anzeigen. Doch auch dann gibt es die Lufttemperatur als Referenz.

Warum lässt man die Lufttemperatur nicht einfach weg?

- Bei den 40 °C im Beispiel braucht man sie auch nicht.
- Aber nur, weil 40 °C mehr wärmer sind als zum Beispiel 0 °C der Luft.

Würde das Gerät 0 W/m² anzeigen, würde das ja bedeuten: Der Sensor ist -273 °C kalt. Doch so kalt ist er nicht. Er ist so warm wie die Luft, also 0 °C. Bei 0 °C würde der Sensor aber immer noch 316 W/m² abstrahlen.

Wie ließe sich die Lufttemperatur aus dem Spiel nehmen?

Man kühlt den Sensor auf -273 °C herunter. Dann würde er jede noch so geringe Strahlung registrieren. Aber das ist technisch nicht machbar. Auch -250 °C wären praktisch nicht machbar, das wäre enorm teuer und aufwendig, weil die Luft ständig an die Glashaube klopft.

Ginge es mit einem 2. Sensor?

- Sensor 1 misst die Gerätetemperatur - Beispiel 10 °C → 364 W/m²
- Sensor 2 misst, was von oben kommt – Beispiel 0 W/m²

Wie soll der 2. Sensor 0 W/m² messen?

Man dreht sich im Kreis, denn dazu müsste er -273 °C kalt werden.

Hinter diesen Messungen steckt keine betrügerische Absicht nach dem Motto: *Jetzt verhelfen wir der Treibhausthese zu ihren 342 W/m².* Es liegt am Messverfahren selbst, bei dem man die Luft nicht wegbekommt. Und so misst man im Kreis, wenn die Strahlung geringer ist als der Gegenwert der Lufttemperatur.

Dann stellt sich aber die Frage: **Wozu dienen diese Geräte?**

Für Vergleichsrechnungen in langen Messreihen. Überspitzt gesagt: Sind alle Ergebnisse gleich falsch, bekommt man dennoch Unterschiede. Wenn alle Uhren falsch gehen, ergibt sich trotzdem ein Zeitunterschied.

Temperaturmessungen sind immer Vergleichsrechnungen, das wird gerne vergessen. Wenn sich das Quecksilber ausdehnt, hat man einen Vergleich.

Diese Geräte zeigen langfristige Trends. Mit ihnen kann man verschiedene Standorte vergleichen. Mit ihnen kann man auch starke Sonneneinstrahlung messen, aber eben keine schwache Strahlung.

Auch wenn es keine Himmelsstrahlung gibt, so sind Aerosole in der Luft oder Feinstaub. Sie absorbieren Wärmestrahlung und wenn sie nah am Sensor vorbeziehen, liefern sie geringe Wärmemengen.

Deshalb werden solche Geräte nachts nie -273 °C anzeigen. Auch Wolken strahlen Wärme nach unten ab.

Im Grunde sind die Ergebnisse Indikatoren für

- Bewölkungsgrad
- Luftfeuchtigkeit
- Feinstaubbelastung

In Kombination mit der Lufttemperatur und überregionalen Beobachtungen lässt sich beispielsweise erkennen, ob ein starkes Gewitter aufzieht. Oder ob sich Luftschichtungen verändern. Es gibt Situationen, bei denen diese Geräte sinnvolle Ergebnisse liefern. Aber eines können sie nicht:

Das Pyrgeometer misst keine reale Himmelsstrahlung.

Vereinfachen wir die Messung und nehmen einen Topf aus der Küche.

- In den Topf legen wir ein Thermometer.
- Am Deckel ist ein 2. Thermometer.
- Wenn sich eine Temperaturdifferenz ergibt, wird diese ermittelt.
- Angenommen, der Deckel ist 1 °C kälter als im Topf.
- Den Gegenwert von 1 °C (als elektrische Spannung) wird abgezogen.
- Maßgeblich bleibt die Temperatur im Topf.

Eine vorhandene Himmelsstrahlung wäre kälter als die Luft.

- Sie müsste den Deckel eigentlich abkühlen.
- Das kann sie aber nicht, weil die Luft den Deckel erwärmt.

Aber warum wir das dann so veröffentlicht?

Weil man das Ergebnis verklausuliert. Es wird gesagt: »*Ein Pyrgeometer misst keine absolute Strahlung aus dem Himmel, sondern die Netto-Strahlungsdifferenz zwischen Himmel und Sensor.*«

Das klingt wissenschaftlich - ist aber nur eine sprachliche Tarnung für eine unbelegte Annahme. *Nettostrahlungsdifferenz zwischen Himmel und Sensor.* Das mit dem Himmel ist nur eine Annahme. Wenn es keine Himmelsstrahlung gibt, zeigt das Gerät dennoch eine an, obwohl es keine Strahlung erkennt, die umgerechnet kälter ist als die Luft!

Hier wurde lediglich eine technisch überprüfbare Beschreibung darüber vorgelegt, wie ein Pyrgeometer funktioniert.

2.2. Wärmeflüsse

Dieses Kapitel handelt nicht von warmen Flüssen, sondern davon, wie Wärme strahlt – und wo sie ankommt.

Manche Wärmeströme sind gerichtet, wie das Licht einer Taschenlampe. Sie folgen einer klaren Linie und lassen sich gut messen. In der Natur dominiert aber die diffuse Strahlung: Licht und Wärme, die aus allen Richtungen kommen. Ohne sie wäre es im Schatten stockdunkel und eiskalt. Auch diffuse Strahlung lässt sich messen – denn letztlich zählen nur zwei Dinge:

- Wie viel Photonen treffen auf, pro 1 m^2?
- Und mit welcher Energie?

Um es stark zu vereinfachen:

- Stellen wir uns 1 m^2 Oberfläche A vor, die 100 Photonen abstrahlt.
- Diese 100 treffen auf eine 10 m^2 große Oberfläche B, also 10 pro m^2.
- die ihrerseits 60 Photonen abstrahlt.
- Von diesen 60 treffen aber nur 6 auf die Fläche A.
- Fläche A hat danach 94 weniger.
- Fläche B hat 160 – 60 = 100 mehr.
- Umgerechnet auf 1 m^2.
- Fläche A vorher 100 danach 6 je 1 m^2 → Verlust 94/m^2
- Fläche B vorher 6/m2 danach 10 je 1 m^2 → Gewinn 4/m^2

Bei Wärme würde Fläche A stark abkühlen, B würde wärmer werden.

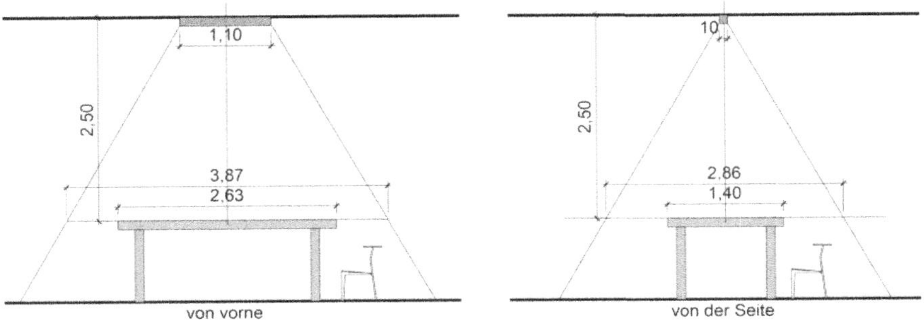

Abbildung 16 - Wärmelampe über einem Terrassentisch im Freien

Über einem Tisch auf der Terrasse hängt eine Wärmelampe. Die Wärmeleuchte selbst ist 1,1 m lang und 1 cm breit (nicht das Gehäuse, sondern das Leuchtmittel). Sie ist 1.000 °C heiß und strahlt damit 149.000 W/m^2 ab.

- Effektiv strahlt sie ab: 149.000 · 1,10 m · 0,01 m = 1.639 W.
- Diese 1.639 W verteilen sich auf 3,87 · 2,86 m = 11 m^2
- Die Lampe liefert 1.639 / 11 = 149 W/m^2
- Der Tisch strahlt gleichzeitig bei 18 °C ab: 400 W/m^2

Damit würde die Lampe den Tisch nicht wärmen, sondern sogar kühlen. Aber der Lichtkegel ist im Mittelteil stärker als am Rand.

Das ist reine Geometrie, aber in der Praxis gar nicht so einfach.

Für die Wärmelampe muss der geeignete Abstand zum Tisch gefunden werden, beziehungsweise zu den Köpfen der Menschen, die am Tisch sitzen. Wichtig ist auch der Abstrahlwinkel, in der Zeichnung mit 60° angegeben.

Gäbe es nur Tisch und Lampe, würde die Lampe den Tisch kühlen! Nur hängt die Lampe an einer Decke und die Decke dürfte etwa so warm sein wie der Tisch. Damit dominiert die Abstrahlung der Decke. Tisch und Decke liegen in einem Strahlungsgleichgewicht, die Wärmelampe bewirkt nichts. Der Wirt kann sie ausschalten.

Leider ist die Sache noch komplizierter, denn es gibt auch noch die Umgebungsluft. Sie berührt den Tisch und hält ihn 18 °C warm. Damit kann die Lampe den Tisch nicht kühlen. Auch hat die Tischplatte Wärme gespeichert und strahlt sie so lange ab, wie die gespeicherte Wärme dafür reicht.

Wie beim Pyrgeometer stört auch hier die Luft, was kein Wunder ist, denn wir leben 12.000 m unter Luft. Unter Wasser würde auch immer das Wasser einwirken. Gäbe es nur Tisch (ohne Speicherwärme) und Lampe und sonst nichts, würden die 149 W/m^2 die 406 W/m^2 der Tischplatte auf 149 W/m^2 absenken.

Wenn die Strahlungsverhältnisse schon bei einer Tischplatte komplex sind, wie kompliziert wird es dann bei Milliarden CO_2-Molekülen, die bei ca. 15 µm diffus – also kugelförmig – abstrahlen?

Und man muss andere Wärmequellen mit einbeziehen, im Beispiel die Umgebungsluft und die Speichermasse der Tischplatte. Würde man das weglassen, wäre die Tischplatte minus 46 °C kalt. Das Ergebnis wäre absurd.

Im nächsten Kapitel werden Formeln der Wärmephysik besprochen. Sie anzuwenden, bringt nur etwas, wenn man alle Einflussfaktoren kennt.

In der Luft sind 0,04 % CO_2 umringt von 99,96 % anderen Luftmolekülen. Sie wirken bei der Wärme genauso mit – nur anders, mit einer anderen Formel. Man kann doch nicht einfach 99,8 % der Luft weglassen, nur weil sie nicht strahlen!

Natürlich kann man nur Wärmestrahlung betrachten. Aber danach muss man die Umgebungswärme einbeziehen.

Ist die Strahlung gerichtet oder diffus? Die Sonne ist eine gerichtete Strahlung, wie bei einem Scheinwerfer. Der Scheinwerfer hat eine definierte Fläche. Je nach Lichtkegel trifft diese Strahlung auf eine berechenbare Oberfläche. So funktioniert die Formel $Q = \sigma \cdot T^4$.

Wenn Gasmoleküle abstrahlen, wäre das eine diffuse Strahlung. Das geben sogar die Verfechter des Treibhauseffekts zu. Diffus bedeutet: Sie strahlen in alle Richtungen, also kugelförmig 360°. Doch auch das wurde nicht zu Ende gedacht, denn was bedeutet es, wenn angeblich 342 W/m² Gegenstrahlung zum Boden zurückkommen? Es bedeutet, dass

- weitere 342 W/m² auch nach oben abstrahlen und
- weitere 2 x 342 nach rechts und links.
- Also würden die Moleküle 4 · 342 = 1.368 W/m² abstrahlen
- und 342 kommen am Boden an.

Wie konnte sich dieses Modell jemals durchsetzen? Weil es sich jeder physikalischen Überprüfung entzieht wie ein glatter Fisch. Die Treibhausthese basiert auf Modellannahmen, die nicht messbar, nicht überprüfbar und vor allem nicht falsifizierbar sind – also auf Kriterien, die mit echter Naturwissenschaft nicht vereinbar sind.

Wer behauptet, *Außerirdische könnten besser Tennis spielen als Roger Federer*, stellt eine ähnlich unwiderlegbare Behauptung auf. Man kann sie nicht überprüfen – aber auch nicht widerlegen. Man kann sie glauben – oder eben nicht. Und genau so ist es mit der Treibhausthese. Sie behauptet Wirkmechanismen, deren Existenz sich aus Modellrechnungen ergibt – aber nicht direkt aus der messbaren Realität.

Nur eines muss klar sein: Mit Physik hat das alles nichts zu tun. Auch nicht beim Außerirdischen.

2.3. Formeln der Wärmephysik

Bevor es noch einmal zum offiziellen Klimabericht geht, ein Blick auf grundlegende Formeln der Wärmephysik. Allen voran $\mathbf{Q = \varepsilon \cdot \sigma \cdot (T_1^4 - T_2^4)}$.

Um diese Formel anzuwenden, braucht man folgende Angaben:

1. Oberfläche der abstrahlenden Oberfläche in Quadratmeter.
2. Ist es eine Oberfläche mit Molekülen ohne Abstand zueinander?
3. Temperatur der Oberfläche.
4. Unter der Oberfläche ist ein Körper (fest oder flüssig).
5. Damit kann die Oberfläche nur in eine Richtung strahlen.
6. Die Abstrahlung erfolgt gleichmäßig in einem Halbkreis.

Ggf. eine zweite Oberfläche, die auch diese 6 Bedingungen erfüllt.

Das sind die 6 Bedingungen, um diese Formel anzuwenden. Ansonsten kann man sie nicht anwenden. Verdünntes Gas wie CO_2 (0,042 %) erfüllt keine der genannten Bedingungen. Es gibt auch keine definierte Fläche, auf die man die Formel beziehen kann.

Gedanke einer Ersatzfläche

In Modellansätzen wird versucht, die Verteilung von CO_2-Molekülen als virtuelle Strahlungsfläche zu interpretieren. Doch dieser Gedanke ist physikalischer Unsinn. Moleküle strahlen nicht flächig, sondern punktuell und in alle Richtungen. Man kann daraus schon eine Fläche modellieren, aber das ändert nichts daran, dass die Moleküle Punktstrahler wären. Eine Fläche entsteht erst durch Aneinanderreihung ohne Lücken. 0,042 % CO_2 sind weit entfernt von einem lückenlosen Molekülverband.

Wenn man nun behauptet, diese geringe Konzentration würde bereits eine strahlungsaktive Fläche von 100 % ergeben, stellt sich die einfache Frage: Kann eine Fläche dichter sein als 100 %? Nein? Wie soll dann bei 0,042 % mehr Strahlung entstehen als früher bei 0,034 %? Das Ganze widerspricht nicht nur der Logik, sondern auch jeder Definition von Fläche und Dichte.

Das Modell beruht auf spektralen Transfermodellen, mit Datenbanken wie HITRAN gespeist und mit Programmen wie MODTRAN berechnet. Doch auch das steht nicht konkret im IPCC-Bericht – sondern lässt sich nur aus der methodischen Literatur erschließen.

Die Anwendung von Formeln setzt generell die Existenz dafür geeigneter Parameter voraus. Betrachten wir eine Formel aus dem Finanzwesen zur Ermittlung der Tilgung eines Darlehens:

$$A = \frac{K \cdot i}{1 - (1 + i)^{-n}}$$

Dafür braucht man:

1. Kreditbetrag K
2. Zinssatz i
3. Laufzeit in Jahren n

Fehlt eine Angabe, kann man diese Formel nicht anwenden. Würde man für »K« das Alter des Kreditnehmers eingeben, als »n« die Temperatur des Wohnzimmers und als »i« einen Wert für die emotionale Befindlichkeit, dann ist klar: Das wäre Unsinn.

Will man die Formel $Q = \varepsilon \cdot \sigma \cdot (T_1^4 - T_2^4)$ für die Luft anwenden, speziell für 0,042 CO_2, dann ist klar: Man hat nicht eine einzige Bedingung. Trotzdem wird diese Formel für die Treibhausthese benutzt mit dem Hinweis: Es gibt sonst keine Formel für Gase.

Welche Formeln in der Wärmephysik gibt es sonst noch, speziell für Gase?

Fourier-Gesetz für die Wärmeleitung von Gasen. Das betrifft nicht die Strahlung, sondern wie sich Wärme in der Luft durch Wärmeleitung bewegt:

$$Q = -\lambda \cdot A \cdot \frac{\Delta T}{\Delta x}$$

Man braucht dafür

- λ: Wärmeleitfähigkeit des Gases (in W/m·K)
- A: Querschnittsfläche (m^2)
- ΔT: Temperaturunterschied (K)
- Δx: Abstand zwischen den Schichten (m)

Diese Formel passt nicht für CO_2. Es fehlen Temperatur, Schichtdicke und die Querschnittsfläche. Auch beträfe das nicht Wärmestrahlung.

Strahlungstransportgleichung

Sie wird gerne zitiert. Aber das ist die Abschwächung von Strahlung in einem trüben Medium. Beispiel: Autoscheinwerfer strahlt in Nebel.

$$\frac{dI_\nu}{ds} = -\kappa_\nu I_\nu + j_\nu$$

Man braucht dafür

- Iν: Strahlungsintensität (abhängig von Ort, Richtung, Frequenz ν)
- s: Weglänge entlang des Strahlengangs
- κν: Absorptionskoeffizient des Mediums (1/m)
- jνj: Emissionskoeffizient ($W \cdot m^{-3} \cdot sr^{-1} \cdot Hz^{-1}$)

Ohne ins Detail zu gehen: Diese Werte hat man nicht für 0,042 % CO_2, verteilt in einer Luftschicht mit 12.000 m Dicke.

Man kann über den Pythagoras nicht ausrechnen, wie warm ein Dreieck ist. Mathematik und Physik funktionieren nur mit korrekter Anwendung von Formeln.

Planck'sches Strahlungsgesetz

$$B_\nu(T) = \frac{2h\nu^3}{c^2} \cdot \frac{1}{e^{\frac{h\nu}{kT}} - 1}$$

Diese Formel beschreibt die ideale Emission bei Temperatur T, aber nur für einen idealen schwarzen Körper. Für Gase wäre das nur über schmale Spektralbereiche und unter Berücksichtigung des Emissionsgrades verwendbar.

Kirchhoff'sches Gesetz der Strahlung

Für ein Gas gilt unter thermischem Gleichgewicht:

$J\nu = \kappa\nu \cdot B\nu \cdot T$

Emissionskoeffizient = Absorptionskoeffizient × Planckfunktion

Diese Beziehung wird in der Strahlungstransportgleichung eingesetzt. Was hier fehlt, ist wiederum die Temperatur von CO_2.

Beer-Lambert-Gesetz

$I = I_0 \cdot e{-}\kappa\nu \cdot \rho \cdot s$ mit

- I_0: einfallende Strahlung, bezogen auf die absorbierte Wellenlänge
- ρ: Dichte des absorbierenden Gases
- s: Weglänge in Meter, z. B. 12.000 m durch die Atmosphäre
- κν: frequenzabhängiger Absorptionskoeffizient in m^2/kg

Diese Strahlungstransportgleichung dient dazu, wie Strahlung in einem Medium abgeschwächt wird, etwa Licht in Nebel.

Die Formel ergäbe für 0,042 % CO_2 in einer 12.000 m hohen Luftsäule eine Absorption von ca. 3 W/m^2. Nehmen wir das als gegeben an, denn CO_2 kann ja absorbieren.

Der Denkfehler ist: **Die Strahlung würde auf ihrem Rückweg zum Boden wieder steckenbleiben**.

Man kann auch nicht sagen, dass CO_2 gar nichts bewirkt, weil es »gar nichts« in der Physik nicht gibt.

Albert Einstein widmete sich in seiner Arbeit »*Zur Quantentheorie der Strahlung*« aus dem Jahr 1916 der Frage, wie Strahlung auf Atome in Gasen wirkt - insbesondere, wie sie absorbiert und emittiert wird. (*Physikalische Zeitschrift 18, S. 121–128*). Er beschrieb Prozesse der spontanen Emission, der absorbierten Strahlung sowie der induzierten Emission – später bekannt als Grundlage des Lasers.

Einstein kam bei der Studie darauf, dass Strahlung in freien Gasen sehr wenig bewirkt. Zwar bezog sich sein Ergebnis auf die Impulsübertragung, wenn Photonen auf Moleküle treffen, aber warum sollte das Ergebnis bei Wärme viel anders sein?

Wie man auf 342 W/m^2 Gegenstrahlung kommt, wird das Geheimnis dieser These bleiben. Wobei: Ein echtes Geheimnis ist das nicht. Die Strahlungstransportgleichung in Verbindung mit der Konduktion der Luft kommt nur auf sehr geringe Werte unterhalb von 0,000x W/m^2.

Also hat man eine durchgehende CO_2-Oberfläche in rund 1.500 m Höhe angenommen, die bei 6 °C auf den Boden herunterstrahlt. Damit kommt man endlich auf 342 W/m^2- mit der Formel $Q = \sigma \cdot T^4$, was nicht zulässig ist.

Wenn es diese durchgehende CO_2-Scheibe gäbe und sie wäre 6 °C warm, was würde mit dem 16 °C warmen Boden geschehen? Er würde auf 11 °C abkühlen, weil sich dann ein Strahlungsgleichgewicht einstellen würde. Wie man es auch dreht und wendet, das ergibt alles keinen Sinn.

In der Physik gilt: Eine Formel darf nur unter exakt den Bedingungen angewendet werden, unter denen sie hergeleitet wurde. Jede Abweichung davon führt nicht zu erweiterten Erkenntnissen, sondern zu unbrauchbaren Ergebnissen – so wie ein Thermometer unter Wasser nicht zur Messung des Luftdrucks verwendet werden kann.

2.4. Datenbanken zu Wärmestrahlung von CO_2

Ein zentrales Argument für die Treibhausthese ist der Verweis auf wissenschaftliche Datenbanken wie HITRAN – mit dem Anspruch, die angebliche Strahlungswirkung von CO_2 quantitativ belegen zu können. Das klingt eindrucksvoll, doch was genau leisten diese Datenbanken? Und was eben nicht?

Die HITRAN-Datenbank (*HIgh-resolution TRANsmission Molecular Absorption Database*) ist öffentlich zugänglich unter http://hitran.org. Sie wurde ursprünglich entwickelt, um die Wechselwirkung von Strahlung mit Molekülen auf molekularer Ebene zu dokumentieren – insbesondere für Spektralanalysen in Laboren, der Atmosphärenforschung, der Astrophysik und der Umweltmesstechnik.

HITRAN enthält nicht nur Gase wie CO_2 oder H_2O, sondern auch viele komplexe Moleküle und Isotope. Ihre Daten zeigen, bei welchen Wellenlängen Moleküle Strahlung absorbieren oder emittieren – basierend auf präzisen Laboruntersuchungen unter idealisierten Bedingungen.

Entscheidend ist: HITRAN liefert keine makroskopischen Wärmeflüsse, keine Nettoenergiebilanzen, keine Aussagen über thermische Gleichgewichte in der Atmosphäre. Sie liefert spektrale Linien, Übergangsparameter und Quantenwahrscheinlichkeiten. Das ist nützlich für Spektroskopie – aber nicht geeignet, um eine globale »Gegenstrahlung« in W/m² zu berechnen.

Von Molekül zu Molekül?

Im realen Luftraum bestrahlen sich Gasmoleküle ununterbrochen gegenseitig. Gibt es Versuche, die zeigen, was konkret passiert, wenn ein CO_2-Molekül ein anderes mit Wärmestrahlung trifft? Die HITRAN-Datenbank liefert dazu keine Aussagen. Sie dokumentiert nur das Verhalten einzelner Moleküle bei definierter Bestrahlung – nicht das komplexe Wechselspiel diffus verteilter Gase über Kilometer hinweg.

Man kann nicht von einem Glasröhrchen im Labor auf eine 12.000 Meter hohe Luftsäule schließen. Trotzdem geschieht genau das in Simulationssoftware wie MODTRAN– obwohl diese Programme nie für reale Energiebilanzen konzipiert waren, sondern für spektrale Durchlässigkeit von Luftschichten.

Im IPCC-Modell erscheint die sogenannte »Gegenstrahlung« von 342 W/m^2 als fester Posten - in bekannten Grafiken etwa von *Kiehl & Trenberth* oder im IPCC-Report AR6 (Abbildung 7.2). Doch dieser Wert stammt

nicht aus einem konkreten Experiment und

nicht aus einer direkten MODTRAN-Berechnung.

Selbst wenn man HITRAN-Daten korrekt in MODTRAN einfüttert, ergibt sich daraus keine Größenordnung für makroskopische Rückstrahlung. Denn MODTRAN ist ein spektrales Modell, kein thermisches Bilanzmodell. Die 342 W/m^2 sind somit nicht Messwert, sondern Modellvorgabe.

Modellannahme statt Naturbeobachtung

Im Grunde läuft alles auf folgende Modellannahme hinaus: CO_2-Moleküle absorbieren Wärmestrahlung, strahlen dann diffus in alle Richtungen - und ein Teil dieser Strahlung trifft erneut auf den Boden. Doch wie viel? Und wie lange? Und unter welchen Bedingungen?

Man müsste messen, wie viel Wärmeenergie in Form von IR-Strahlung tatsächlich aus 1.500 m Höhe den Boden erreicht - verursacht durch CO_2. Doch solche direkten Messungen fehlen.

Pyrgeometer erfassen keine CO_2-spezifische Rückstrahlung, sondern den gesamten IR-Hintergrund. Die 80 W/m^2, die man CO_2 zuschreibt, bleiben rechnerische Annahmen - nicht Beobachtungen.

Eine rhetorische Frage

Zuerst eine fehlerhafte Buchführung. Dann unzulässige Formelanwendungen. Und nun eine für diesen Zweck völlig ungeeignete Datenbank als scheinbarer Beweis. Sind das alles nur bedauerliche Missverständnisse? Oder steckt ein systematischer Irrweg mit Methode dahinter - vielleicht sogar gut gemeint, aber nie sauber durchdacht?

2.5. Wahrscheinlichkeiten

Der IPCC versieht viele seiner Aussagen mit Wahrscheinlichkeiten. Doch Wahrscheinlichkeiten lassen sich nur sinnvoll einschätzen bei Themen, die man gut kennt, oft beobachtet hat und deren Einflussgrößen weitgehend bekannt sind. Das dürfte beim Klimawandel schwierig werden.

Denn: Was man nicht weiß – oder nicht mit einplant – taucht auch in der Wahrscheinlichkeitsschätzung nicht auf. Das kennt jeder aus dem Alltag: Man plant ein neues Geschäft, schätzt das Risiko als gering ein – und dann passiert etwas völlig Unerwartetes. Alles muss neu bewertet werden.

Beim Klimawandel ist das nicht anders. Oder doch? Nur, wenn man nicht versteht, worum es physikalisch geht. Denn am Anfang steht eine einfache und klare physikalische Beobachtung: **Etwas wird wärmer.**

Wie groß ist die Wahrscheinlichkeit, dass etwas wärmer wird, wenn man ihm mehr Wärme zuführt, als es gleichzeitig abgeben kann? Wahrscheinlich 100 %. Wäre es dann nicht sinnvoll, zuerst das zu betrachten, was mit Sicherheit wärmer macht?

- Unsere freigesetzte Wärme und
- mehr Sonneneinstrahlung durch geringere Bewölkung.

Beides lässt sich abschätzen - und beides wirkt mit 100 % Wahrscheinlichkeit wärmend. Die Frage ist nur: Um wie viel?

Hätten diese beiden Effekte keinen messbaren Einfluss, wäre es immer noch zu früh, über CO_2 als Hauptursache zu spekulieren – es müsste sich ganz hinten in der Ursachenliste einreihen. Das Gegenteil geschieht: Die wärmenden Faktoren werden ignoriert. Stattdessen wird ein Spurengas zum Hauptverdächtigen. Der IPCC stellt eine unwahrscheinliche These auf und verteilt dann Wahrscheinlichkeitswerte. Jemand behauptet, er kenne einen Menschen, der kann aus dem Stand 50 m hochspringen. Vorführen könne er das derzeit leider nicht. Aber er hat ein Modell dafür. Und eine tolle Software.

Wie wahrscheinlich ist es, dass ein System korrekt berechnet wird, wenn man seine Hauptursachen ignoriert – und stattdessen ein Nebenfaktor zur Hauptursache erklärt wird?

2.6. Ohne Treibhausgase 33 °C kälter?

Ohne Treibhausgase wäre es 33 °C kälter auf der Erde.

Statt +15 °C wären es -18 °C. Wie kam der IPCC darauf?

Die Sonne liefert wie gesagt maximal 1.361 W/m^2, wenn sie senkrecht einstrahlt. Wegen der Halbkugelform der Erde muss das zwei Mal halbiert werden:

Energie der Sonne	W/m^2
Sonneneinstrahlung am oberen Rand der Atmosphäre[6]	1.361
Verteilung der 1.361 auf eine Halbkugel	681
Halbierung wegen 45° Sonnenstand im Mittel	340
Abzug 30 % Albedo (Wolken, Aerosole, Reflexion)	239

Tabelle 17 – effektiv wirksame Sonnenenergie

Die Sonne liefert im Mittel 239 W/m^2, 12 Stunden am Tag.

239 sind weniger Globalstrahlung als in München, die bei ca. 270 W/m^2 liegt. Aber zumindest die Größenordnung passt.

Da München am 48. Breitengrad liegt, eignet sich ein Ort am 45. Breitengrad besser:

		Globalstrahlung kWh/(m^2 a)	365 Tage, je 12 h W/m^2 und Stunde
Bordeaux	Frankreich	1.300	
Turin	Italien	1.400	
Zagreb	Kroatien	1.500	
Linz	Österreich	1.200	
Portland	USA Oregon	1.300	
Montreal	Kanada	1.200	
Mittelwert		1.300	ca. 300 W/m^2

Tabelle 18 – Wirksame Sonneneinstrahlung an Orten um den 45. Breitengrad

Die 239 W/m^2 des IPCC sind zu niedrig: Man sollte 300 W/m^2 ansetzen. Das ändert am Prinzip nichts, aber 300 W/m^2 wären realistischer.

---

[6] IAU-Wert: www.iau.org/static/resolutions/IAU2015_English.pdf

Doch dem IPCC ging es um etwas anderes: Er wollte ausrechnen, wie kalt es wäre ohne Treibhausgase. Dafür wurden 1.361 durch 4 dividiert und davon werden 30 % abgezogen für Bewölkung.

So ergeben sich eben diese -18 °C, wie folgende kurze Rechnung zeigt.

Gegeben lt. IPCC: Sonneneinstrahlung 1.361 / 4 = 340 · 0,70 = 239 W/m^2

$Q = \sigma \cdot T^4 \rightarrow$ umstellen nach $T = (239 / \sigma)^{0,25} = 255$ K = -18 °C[7,8]

Setzt man 300 W/m^2 etwa für Turin an, ergibt sich:

$T = (300 / \sigma)^{0,25} \approx 270$ K = **- 3 °C**

Das sind 15 °C Unterschied zu -18 °C.

Aber -3 °C für Turin oder Portland tagsüber sind nicht denkbar. Aber diese Formel $Q = \sigma \cdot T^4$ liefert diesen Wert für diese Eingaben. Nun noch die nächtliche Abkühlung ansetzen, denn diese Werte gelten nur für 12 Stunden Sonnenschein. Bei 6 °C nächtlicher Abkühlung ergäbe sich:

- Turin am Tag -3 °C
- Turin in der Nacht -9 °C
- **Turin im Mittel -6 °C**

Alles nur wegen der Treibhausgase? Nicht wegen der Treibhausgase, sondern wegen eines Rechentricks des IPCC, denn man ließ nicht nur die Treibhausgase weg, sondern auch gleich noch die Ozeane und die gesamte Luft.

Würde uns jemand erzählen, ohne CO_2 in der Luft wäre es in der Wohnung nicht 22 °C, sondern -12 °C, würde das jemand glauben?

70 % der Erdoberfläche bestehen aus Ozeanen.

Wie viel strahlt die Sonne auf das Ozeanwasser am Äquator ein? Was wäre eine realistische Einstrahlung an einem solchen Ort?

Setzt man tagsüber in den tropischen Ozeanen 600 W/m^2 an, ergibt eine sehr hohe Erwärmung des Wassers.

---

7 »The globally averaged equilibrium temperature is about 255 K (−18 °C).« *(IPCC AR4 WGI, Kapitel 1.2)*

8 Die IPCC-Formel '255 K = −18 °C erscheint in Kapitel 1.2 des IPCC-Berichts AR 6, jedoch ohne Hinweis auf die dahinterstehende Stefan-Boltzmann-Berechnung.

Und dieses Wasser (oder dessen Wärme) strömt sofort Richtung Norden und Süden, Richtung Polargebiete. Und das 24 Stunden am Tag, denn die Sonne trifft in 24 Stunden immer auf Wasser.

Allerdings muss von den 600 W/m^2 noch die Wärme abgezogen werden, die das Wasser verdunsten lässt, denn dabei erwärmt es sich nicht.

Setzt man verbleibende 480 W/m^2 für die reine Erwärmung an, ergibt sich:

Ozeanwasser am Äquator

Gegeben: Sonneneinstrahlung 480 W/m^2

$T = (480 / \sigma)^{0,25}$ = 303 K = ca. **30 °C**

Es geht hier nicht um ganz genaue Zahlen oder Kommastellen, sondern um eine grundsätzliche Plausibilität.

Damit haben wir 2 Jahresmittelwerte:

- Äquator + 30 °C
- Turin - 6 °C
- **Mittelwert** **+ 12 °C**

Ohne Ozeane und Luft wäre es in Turin vermutlich tatsächlich -6 °C kalt. Aber wie bekannt ist, sorgen vor allem die Ozeane für ein lebenswertes Klima auf der Nord- und auch auf der Südhalbkugel.

Die Ozeane transportieren warmes Wasser Richtung Grönland und die Luft strömt ebenfalls vom Äquator Richtung Nord- und Südpol.

Rechnerisch wäre es in Turin 12 °C warm. Das passt sehr gut zur tatsächlichen Jahresmitteltemperatur von Turin und anderen Orten am 45. Breitengrad.

- Globaltemperatur lt. IPCC -18 °C
- Tatsächliche Globaltemperatur +12 °C

Das sind 30 °C Unterschied! Nicht -18 °C, sondern +12 °C.

Der IPCC will mit seiner Rechnung nachweisen, dass es ohne Treibhauseffekt -18 °C kalt wäre. Dafür lässt er aber auch Ozeane und die gesamte Luft weg! Er lässt die Luft weg, aber 30 % Wolken gibt es. Großartig!

Wie kann nur ein solcher Fehler passieren? War es der Druck, 342 W/m^2 Gegenstrahlung unbedingt »beweisen« zu wollen? Einen Fehler mit einem weiteren ausgleichen?

Die Frage, warum es auf der Erde so warm ist, reicht weiter zurück.

Schon *Jean Baptiste Fourier* (1824) und *Svante Arrhenius* (1896) fragten sich, warum es so warm ist. Fourier vermutete, es müsse eine isolierende Hülle geben, ohne sie näher zu beschreiben. Das ist die Luftschicht.

Beiden fehlte ein realistisches Verständnis für Speicherwärme, konvektive Transporte und die Bedeutung der Wolken. Die Strahlungsformeln wurden erst später entwickelt, allem voran von Max Planck.

Die Grundidee eines Warmhalteeffekts ist schon alt und auch richtig – aber damals wie heute zu simpel. Die **Luft** trägt dazu bei, aber es liegt vor allem an der Wärme der tropischen Ozeane! Die Luft ist hier eher passiver Begleiter. Sie erwärmt sich am Boden, steigt auf und strömt dorthin, wo es kälter ist. Reiseziel Nordpol, für die südliche Halbkugel der Südpol.

Fourier[9] *war der Erste, der die Atmosphäre als »Wärmedecke« bezeichnete. Er rechnete aus, dass die Erde wärmer ist, als sie es allein durch direkte Sonnenstrahlung sein dürfte, und vermutete, dass »eine Art Isolierschicht« dafür verantwortlich sei. Er kannte zwar den Wärmetransport durch Leitung und Konvektion, doch die Vorstellung von Wärmespeicherung in Ozeanen spielte bei ihm keine nennenswerte Rolle – das Wasser kam höchstens als träger Speicher in Betracht, nicht als aktiver Klimamotor.*

Arrhenius *war der Erste, der* CO_2 *explizit ein strahlungsaktives Gas nannte. Er versuchte, den Temperaturanstieg durch eine* CO_2*-Verdopplung zu berechnen. Dazu führte er umfangreiche Tabellenrechnungen durch, aber unter stark vereinfachten Annahmen ohne reale Temperaturprofile der Atmosphäre, er rechnete mit einem stationären Zustand und hatte kein Modell für Ozeane als Wärmespeicher oder Wärmetransporteur. Erwähnenswert wäre, dass er selbst später seine Ergebnisse revidierte (z. B. in Worlds in the Making, 1906).*

Das ist kein Vorwurf an die beiden, denn mehr war zu ihrer Zeit nicht möglich. Doch dass diese Quellen laut IPCC als weiterer Beleg für ein Treibhausklima sein sollen, ist fragwürdig. Das nur nebenbei.

Der IPCC wollte unbedingt beweisen, dass es ohne Treibhauseffekt 33 °C kälter wäre. Da war ihm jede Quelle willkommen. Auch solche, die vor der Quantenphysik entstanden sind.

---

[9] 1824, *Mémoire sur les températures du globe terrestre*

Um unbedingt auf -18 °C zu kommen,

- werden die Ozeane weggelassen,
- wird die Luft weggelassen,
- werden aber 30 % wegen Bewölkung abgezogen, ohne Luft und Wasser.

Über $Q = \sigma \cdot T^4$ ergeben sich dann -18 °C.

Eine sogenannte **Bierdeckel-Rechnung**. Was hat das mit Wissenschaft zu tun? Das ist vergleichbar dem Versuch, wie warm der Meeresboden ohne Salz wäre – und dafür wird das gesamte Wasser weglassen.

Diese Rechnung ist nicht nur falsch, **sie ist grotesk.** Es ist schwierig, dafür angemessene Worte zu finden. In der Politik wird bei kleineren Themen schnell ein Untersuchungsausschuss einberufen. Gab es jemals eine parlamentarische Anfrage zu diesen -18 °C? Es gab Politiker, die misstrauisch waren:

»Ich glaube nicht, dass der IPCC der Weisheit letzter Schluss ist. Das ist eine weltweite Organisation von Forschern, die davon lebt, dass es Klimaerwärmung gibt.«

Helmut Schmidt im Interview mit dem *Hamburger Abendblatt*, 14. Juli 2007

Er sprach über die Selbstdarstellung von Klimaforschern und warnte davor, ihnen blind zu vertrauen, weil es – so Schmidt – zu viele medienwirksame, aber fachlich fragwürdige Stimmen gebe.

Wer diese -18 °C-Rechnung als Argument für den Treibhauseffekt heranzieht, muss sich fragen lassen, ob er Wissenschaft oder Ideologie betreibt. Denn diese Rechnung hat mit einem realen Klimasystem nichts zu tun. Es ist ein Modell, das seine zentralen Elemente – Ozeane, Atmosphäre, Wetter, Wärmespeicherung – schlicht ignoriert. Damit ist es gar kein Modell. Hätten die Verfasser dazugeschrieben: »*Ohne Ozeane, ohne Luft wäre es minus 18 °C kalt*«, alles gut. Haben sie aber nicht. Alles nur Treibhausgase.

Die Behauptung, ohne Treibhausgase wäre es 33 °C kälter, wäre eine Lüge, wenn Vorsatz dahintersteckt. Da das nicht bekannt ist, bleibt nur die Wahl zwischen Täuschung, thematischer Überforderung, Ideologie oder nur ein methodischer Irrtum. Mit echter Naturwissenschaft hat das jedenfalls nichts mehr zu tun.

2.7. Wie Gase mit Wärme umgehen

In der Luft bewegen sich Moleküle ständig und stoßen dabei unaufhörlich zusammen. Dabei wird Wärme verteilt – ganz ohne Strahlung. Wenn einige Moleküle dabei mehr Energie haben als andere, können sie diese an ihre Umgebung abgeben. Das ist der einzig realistische Weg, wie ein Gas wie CO_2 zur Erwärmung der Luft beitragen könnte. Das setzt voraus, dass die CO_2-Moleküle wärmer sind als der Rest der Luft.

Wir sitzen in der Badewanne und lassen heißes Wasser nachlaufen. Man spürt die Strömungen, wie sich diese Wärme verteilt. Nun lassen wir wieder Wasser nachlaufen, aber diesmal ist es exakt so warm wie das Wasser, das bereits in der Wanne ist. Diesmal spüren wir keine Wärmeunterschiede – wie denn auch?

Wenn der 16 °C warme Boden bodennahe Moleküle anstrahlt, wie warm werden sie dann, wenn sie auf diese Strahlung ansprechen? Maximal auch 16 °C warm. So warm ist die Luft aber bereits, weil sie sich die Wärme zuvor vom Boden geholt hat. Auch CO_2. Dazu kommt: CO_2 regiert nur auf ca. 15 µm, der Boden strahlt aber bei 2 – 50 µm ab.

CO_2 und H_2O haben durchaus dieses Alleinstellungsmerkmal, dass sie Wärme auf zwei Arten aufnehmen und wieder abgeben können:

- Durch Zusammenstoßen.
- Durch Aufnahme und Abgabe von Strahlungsphotonen.

Nur kumuliert diese Wirkung nicht. Sie können Energie nicht zweimal abgeben oder aufnehmen. Entweder dominiert das eine oder das andere.

Es wird suggeriert, CO_2 sei eiskalt in einer warmen Luftumgebung. Das ist es aber nicht. CO_2 ist bereits thermisch im Gleichgewicht mit der Umgebungsluft, durch Konduktion (Molekülstöße), also durch die ganz normale Wärmeleitung in der Gasphase.

Vielleicht lesen Sie dieses Buch in einem geschlossenen Raum. Vier Wände, eine Decke und ein Fußboden strahlen alle Wärme ab, teilweise auch auf das Buch. Wird das Buch wärmer? Wie sollte das gehen? Nur, wenn Sie das Buch aus dem Kühlschrank holen.

Wer behauptet, bodennahes CO_2 wird durch die Bodenabstrahlung wärmer, hat Wärmeprozesse nicht verstanden.

Wie kommt die Bodenabstrahlung in größere Höhen?

Bei 0,04 % CO_2-Anteil wäre ein Luftvolumen aus 2.500 CO_2-Schichten dicht für Strahlung zwischen 14,7 bis 15,3 µm, also dem Wellenlängenbereich, auf den CO_2-Moleküle ansprechen. Betrachten wir je 2.500 Molekülschichten als ein Paket, käme statistisch nur 50 % der Energie in das nächsthöhere Paket. Rein geometrisch wäre der Prozess 1 Zentimeter über dem Boden beendet.

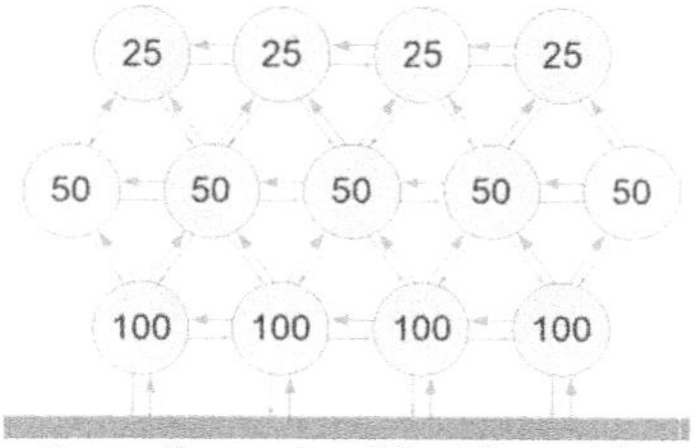

Abbildung 21-Verteilung der CO_2-Abstrahlung in Schichten

Es wird behauptet, diese Gegenstrahlung findet bis 12.000 m Höhe statt. Die IPCC-Berichte stützen sich auf *Line-by-Line-Radiative Transfer Models (LBLRTM),* in denen die IR-Strahlung (typischerweise in Hundert-Meter-Schritten) **berechnet** wird. Die »Gegenstrahlung« ergibt sich dann als Summenwirkung aus Millionen einzelner Emissionsereignisse entlang der Atmosphäre – in Richtung Boden. In diesen Modellen werden die höheren Schichten zwar schwächer angesetzt, aber sie werden angesetzt.

Es wird etwas behauptet und das Behauptete wird dann in Modellen gerechnet, die das Behauptete als Tatsache ansetzen. Das erklärt aber nicht, wie diese Strahlung des CO_2 überhaupt nur 1 cm über den Boden gelangt, geschweige denn Tausende von Meter.

Dann nehmen wir das mal an. Die Abstrahlung von 1 m^2 Boden verteilt sich auf 12.000 m Luftsäule. Die Wirkung von 14,7 – 15,3 µm sind etwa 5 von 398 W/m^2. Verteilt auf 12.000 m sind das 0,00042 W/m^3. Dasselbe kann man mit Wasserdampf durchrechnen.

Damit keine Missverständnisse aufkommen: Auch, wenn CO_2 durch Stöße der anderen Luftmoleküle angeregt wird, sendet es Photonen aus bei 14,7 – 15,3 µm. Nur hat dieser Prozess nichts mit der Abstrahlung des Bodens zu tun, das ist der Punkt. Das macht CO_2 sowieso. Doch diese Photonen ändern nichts am Strahlungs- und Wärmegleichgewicht der Luftschichten. Dabei erwärmt sich nichts – und schon gar nicht der weit entfernte Boden.

CO_2 hält Wärmestrahlung der Luft fest

Zum Erklärungsmodell des IPCC und ihren Anhängern gehört: Funktioniert ein Modell nicht, wechselt man einfach in eine neue Interpretation. Zum Beispiel: CO_2 hält Wärmestrahlung fest.

Wie lässt sich Wärmestrahlung in der Luft (generell in einem freien Gas) festhalten?

- Was bedeutet Festhalten bei 300.000 km pro Sekunde?
- Um welche Wärmemenge geht es?
- Was macht die Wärmestrahlung, nachdem sie festgehalten wurde?
- Wie lange wird sie festgehalten? Zeitfaktor?

CO-Moleküle absorbieren und emittieren im Bereich von Nanosekunden. Das ist kein »Festhalten«. Auch wäre die festgehaltene Menge sehr gering. Man stelle sich einen Jongleur im Zirkus vor. Er hält 4 Bälle pro Stunde in der Luft. Das macht er 1 Jahr lang durchgehend. Wie viele Bälle hat er in einem Jahr in der Luft gehalten? Waren das $365 \cdot 24 \cdot 4$ Bälle? Es bleiben 4.

Der einzig mögliche Weg, dass diese Strahlung etwas bewirkt: **CO_2 gibt die Wärme an den Rest der Luft ab**. Dadurch wird die gesamte Luft wärmer. Das wurde oben bereits besprochen. Dies Thermalisierung findet auch statt.

Nehmen wir an, das geht. Dann stellen sich wieder Fragen:

- Welche Temperatur haben die 0,04 % CO_2-Moleküle?
- Welche Temperaturen hat der Rest der Luft, 99,96 %?

Um die Wirkung von Strahlung berechnen zu können, braucht man die Temperatur beziehungsweise einen Temperaturunterschied. Die Annahme ist: Durch die Absorption bei 15 µm haben die CO_2-Moleküle mehr Energie und geben diese durch Stöße (kinetische Energie) an alle Luftmoleküle weiter.

Um zu verstehen, was ein CO_2-Molekül mit Wärme macht, muss man sich klar machen: In der Luft bewegen sich die Moleküle ständig – und stoßen laufend zusammen. Dabei wird Wärme weitergegeben. Die Temperatur der Luft ist nichts anderes als der Durchschnitt dieser Bewegungen.

Wenn ein CO_2-Molekül ein Infrarot-Photon mit einer Wellenlänge von 15 µm aufnimmt, bekommt es dadurch einen kleinen Energieschub. Dieser Schub ist etwa doppelt so groß wie die Energie, die es sowieso schon durch die Umgebungstemperatur hat – sagen wir: 15 °C.

Nun verteilt dieses Molekül die zusätzliche Energie auf andere Luftmoleküle – wie jemand, der einen Löffel heißes Wasser in einen Eimer mit lauwarmem Wasser gibt. Das Wasser wird dadurch zwar theoretisch wärmer – aber nur minimal.

Diese minimale Erwärmung kann sich nicht aufaddieren, denn die Luft gleicht sich sofort aus – es stellt sich wieder ein Gleichgewicht ein. Nur wenn der CO_2-Gehalt deutlich steigt, kann dieser Effekt *etwas* größer werden. Aber selbst dann liegt er bei etwa **0,003 °C in 100 Jahren**.

Für technisch Interessierte: Die kinetische Energie eines Luftmoleküls bei 15 °C liegt bei etwa $6 \cdot 10^{-21}$ Joule. Ein Photon bei 15 µm bringt etwa doppelt so viel Energie mit. Auf 2.500 Moleküle verteilt ergibt sich daraus rechnerisch eine Luft-Erwärmung von rund 0,014 °C.

Nun könnten Verfechter der Treibhausthese wieder auf ihr anderes Argument umschwenken: CO_2 strahlt doch irgendwie direkt zum Boden zurück.

Entweder - oder! Entweder erwärmt CO_2 seine Luftkollegen – oder es strahlt zurück.

»Gar nichts« gibt es in der Physik nicht. Knallt ein Insekt gegen die Scheibe eines 100 km/h schnellen Autos, dann bremst das Auto ab. Aber um wie viel?

Das Auto wird um etwa ein 2 millionstel Meter pro Sekunde langsamer.

Wenn der CO_2-Gehalt jährlich um 0,2 % zunimmt, ergibt das über ein ganzes Jahrhundert: Ein dreitausendstel Grad Celsius in 100 Jahren.

Vermutlich ist es zu viel verlangt, dass Medien darüber berichten. Aber dass auch seriöse Medien diesen Treibhausansatz überhaupt nicht hinterfragen, ist zumindest merkwürdig. Wir reden hier über homöopathische Wärmemengen durch CO_2 - und sicher nicht über 342 W/m^2.

2.8. Satellitenmessungen

Gemessen wird, was von der Bodenabstrahlung am Satelliten in ca. 30 km Höhe ankommt. Was am Satelliten ankommt, ist lückenhaft. Die Lücken sind genau dort, wo CO_2 und H_2O und Methan ihre Absorptionslinien haben.

Natürlich muss man dieser Spur nachgehen, denn wenn der Satellit genau dort Lücken misst, bei denen diese Gase absorbieren, wäre es fahrlässig, dem nicht nachzugehen.

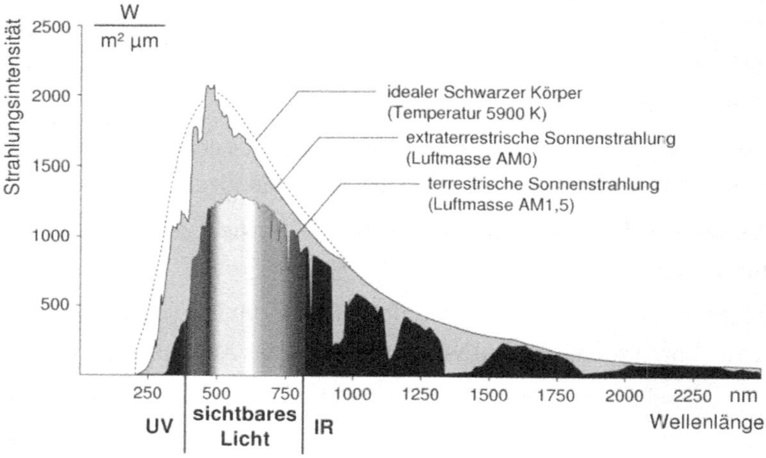

Abbildung 17 - Strahlungsspektrum **der Sonne** – Quelle: ASTM G173-03 (2008): Reference Spectral Derived from SMARTS v2. 9.2, National Renewable Energy Laboratory (NREL)

Die **obere Kurve** wäre die Abstrahlung eines idealen schwarzen Körpers bei ca. 5900 K (Sonnenphotosphäre). Die Sonne kann fast als solcher ideale Strahler gelten. Deshalb schickt die Sonne lückenlos Strahlung ins All, allerdings nicht gleichmäßig. Der Anteil des sichtbaren Lichts ist größer als die Wärmestrahlung.

Die **hohe Kurve knapp darunter** ist die *extraterrestrische Sonneneinstrahlung*, also die Sonnenstrahlung, die am oberen Rand der Erdatmosphäre ankommt.

Die **gezackte Kurve** ist die Sonneneinstrahlung, die nach Durchqueren der Erdatmosphäre **am Boden ankommt**.

AM 1,5 (Air Mass) meint die Sonneneinstrahlung am Boden bei einem Sonnenstand von etwa 48°, Mitteleuropa an einem Frühlings- oder Herbsttag.

Wenn die Sonne nur lückenhaft durch die Luftschicht auf den Boden trifft, wäre es naheliegend, dass der Erdboden auch lückenhaft abstrahlt. Dem ist aber nicht so, wie noch ausgeführt wird. Der Erdboden strahlt gleichmäßig, aber in anderen Wellenlängen, die schwächer (langwelliger) als die Sonneneinstrahlung.

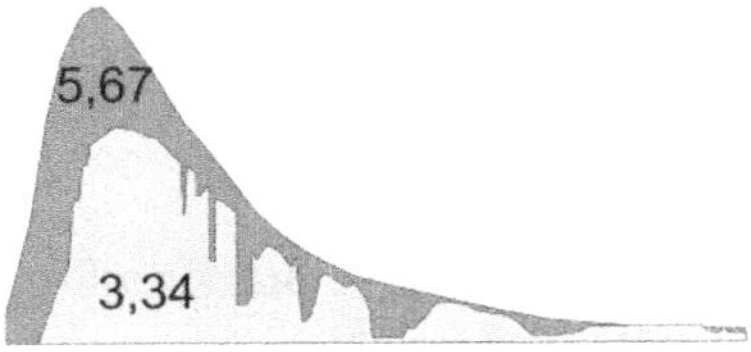

Abbildung 18-Größenverhältnis der Sonnenstrahlung am oberen Rand der Atmosphäre zur Einstrahlung am Boden rund um den 45. Breitengrad (AM 1,5)

Die beiden Zahlen der Abbildung 18 zeigen nur das Größenverhältnis beider Kurven. Die Zahlen haben sonst keine Aussage.

3,34 / 5,67 ≈ 0,59 → also rund 59 %.

Nur etwa 59 % der extraterrestrischen Sonnenstrahlung erreichen den Boden (im spektralen Bereich 300–2500 nm). Der Rest wird durch die Atmosphäre absorbiert oder gestreut – z. B. durch O_3, H_2O, CO_2, Aerosole, Wolken etc.

Neben der y-Achse der Abbildung 17 steht Strahlungsintensität $\frac{W}{m2 \cdot \mu m}$

Die Kurven werden nach rechts (in den Infrarotbereich) immer niedriger.

Um die Strahlungsintensität in W/m^2 umzurechnen, wird die graue Kurve aus Abbildung 18 (bezeichnet mit 3,34) in der Länge gestreckt - um den Faktor 35. Der Grund ist folgender:

- Die Sonne scheint in einem Spektrum von etwa 0,3 µm bis 2,5 µm → also ca. 2,2 µm Breite.
- Der Boden absorbiert diese Wärmemenge,
- strahlt aber langwelliger wieder ab zwischen ca. 4 – 80 µm.

Auf diese Weise lässt sich rein geometrisch die Abstrahlleistung des Bodens abschätzen, ohne komplizierte Formeln. Die extraterrestrische Einstrahlung aus Abbildung wurden gemessen, bevor der Boden das absorbiert hat.

Abbildung 19-Abbildung 19 in die Länge gezogen und gestaucht

Man muss die schwarz-gezackte Kurve aus Abbildung 17 sehr stark in die Länge ziehen, denn diese Kurve bezieht sich nur auf ein Intervall von 2 µm, aber Wärme strahlt im Boden über ein Intervall von ca. 76 µm ab.

Die Kurve muss nach dem Auseinanderziehen dieselbe Fläche haben. Das bedeutet: Die neue, lange Kurve wird extrem flach. Nun kann man ablesen, wie viel Wärme je 1 µm Intervall abgestrahlt wird. Das sind etwa 4 W/m^2.

Messungen zeigen, dass von den Wellenlängen, auf die CO_2 und H_2O reagieren, wenig bis nichts am Satelliten ankommt.

Das muss auch so sein, denn diese Luftmoleküle haben das absorbiert und in Luftwärme umgewandelt, siehe vorheriges Kapitel.

Aber dann haben wir doch den Treibhauseffekt! In einer homöopathischen Menge haben wir ihn tatsächlich. Den haben wir aber auch, weil CO_2 & Co auf keine Strahlung reagieren. Weil sie dann ihre Wärme durch Stöße weitergeben. Die Bodenabstrahlung bei diesen kleinen Wellenlängenbereichen wird bereits bodennah abgefangen – dort passiert thermisch gar nichts.

In größerer Höhe absorbiert und emittiert CO_2 Energie, die sie durch das Zusammenstoßen aufgenommen hat, aber auch das ist thermisch praktisch nichts, weil ein CO_2-Moleküle nicht zwei Dinge gleichzeitig kann: Abstrahlen und Energie auch noch durch Zusammenstöße weitergeben.

Und schon gar nicht schafft es diese Energie, wieder zurück zum Boden. Dieses Absorbieren und Emittieren ist Teil der Wärmeübertragung der Luft und wird überlagert vom Zusammenstoßen der ganzen Luft.

Wie viel Wärme soll denn am Satelliten ankommen?

Wenn der Boden 398 W/m² abstrahlt, wie viel soll davon am Satelliten ankommen – unter normalen, definierten Bedingungen? Was steht dazu im Klimabericht? Was wäre die Sollgröße, die am Satelliten ankommen soll?

Das wäre vergleichbar mit der Frage: Man verdient im Jahr 60.000 € brutto. Wie viel soll nach Abzug aller möglichen Ausgaben am Ende als Guthaben auf dem Konto bleiben?

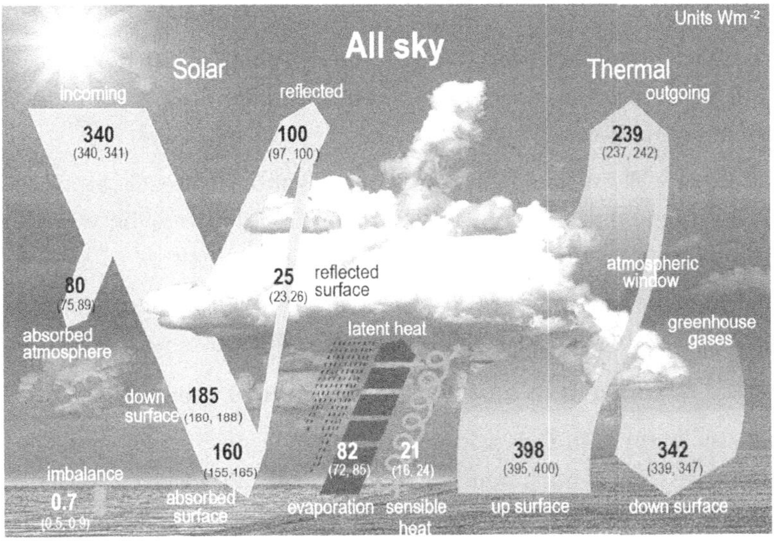

Laut Klimabericht sollten vom 398 W/m² am Satelliten 239 ankommen. Das zeigen die 3 Zahlen in der Grafik: Die Sonne liefert 340, davon werden 100 reflektiert. Also kommen von 398 W/m² Bodenabstrahlung 159 nicht am Satelliten an. Woher kommen diese 159?

Die398 sind falsch, es sind nur 57 W/m².

	W/m2
Absorption in der Atmosphäre	80
Verdunstungsenergie	82
Wärme der Luft	21
Abstrahlung Boden	57
Summe	**240**

Tabelle 19 – Abstrahlung in den Weltraum

Nun geht die Bilanz endlich auf.

Korrekte Satellitenmessungen werden verwendet, um den Treibhauseffekt zu beweisen. Das Problem beginnt bereits an der Definition der Zielgröße. Wenn die Sonne am oberen Rand der Atmosphäre 340 W/m^2 liefert, werden 75 W/m^2 sofort von den Wolken reflektiert - und weiter 25 vom Boden. Das hat nichts mit einem Treibhauseffekt zu tun.

Also ist die Zielgröße: 239 W/m^2 kommen am Satelliten an, als globaler Mittelwert über Tag und Nacht. Auch das hat nichts mit einem Treibhauseffekt zu tun.

Welche Messungen könnten dann einen Treibhauseffekt belegen? Wenn nur 236 W/m^2 am Satelliten ankommen? Weil dann 3 W/m^2 in der Atmosphäre hängen blieben?

Nun klingen 3 W/m^2 durchaus wie ein relevante Größe. Aber sie würden sich auf einige Jahrzehnte verteilen, wenn CO_2 die Ursache wäre. Früher waren nur 0,034 % CO_2 in der Luft, heute sind es 0,042 %.

Verteilt man die 3 W/m^2 auf 100 Jahre, wären es 0,03 W/m^2 im Jahr., verteilt über ein Jahr, gemessen von zahlreichen Satelliten.

Kann man 0,03 W/m^2 überhaupt messen?

0,03 W/m^2 kann man sich schwer vorstellen. Eine Biene strahlt ca. 0,2 W ab. Das wäre immer noch deutlich mehr als 0,03 W/m^2.

Eine Biene über 7 m^2 Boden entspräche den CO_2-Zuwachs im ganzen Jahr.

Können Satelliten so genau messen? Und wie werden andere Größen darin integriert, allem voran die Bewölkung, Aerosole, Wasserdampf und einiges mehr?

Auch wären 3 W/m^2 oder 0,03 W/m^2 pro Jahr unabhängig von 342 W/m^2 angeblichem Treibhauseffekt. Solchen Berechnungen fehlen Logik und Größenordnungen. Da hat sich etwas zwanghaft verselbständigt.

2.9. Fünfzehn Fragen für ein plausibles Klimamodell

Wenn es der IPCC nicht tut, müssen wir die Grundlagen eben selbst sortieren. Es geht um Wärme, also um Physik – und zwar um folgende Fragen:

A. Ausgangsbedingungen des Systems Erde

1. Was genau ist das Klimasystem?
2. Wie groß ist die Anfangswärme im Klimasystem?
3. Bedeutung von Wärmespeichermassen (Ozeane, Boden, Luft).

B. Energiezufuhr

4. Wie viel Wärme liefert die Sonne?
5. Bedeutung der Wolken?
6. Was schwächt die Sonneneinstrahlung in der Atmosphäre ab?
7. Wie viel Energie wird für Verdunstung verbraucht?
8. Gibt es weitere externe Wärmezufuhren als die Sonne?
9. Kann sich die Sonneneinstrahlung ändern?

C. Energieverteilung und -abgabe

10. Wie geht die Luft mit Wärme um?
11. Wie strömt die Luft um den Erdball?
12. Können Gase vergleichbar abstrahlen wie feste oder flüssige Körper?
13. Wie strahlt der Boden die Wärme wieder ab?

D. Energiebilanz des Klimasystems

14. Kontenplan der Bilanz.
15. Wie kann das Klimasystem wärmer werden, als es bereits ist?

Gut wäre es, all diese Punkte nicht nur isoliert voneinander zu beschreiben, sondern sinnvoll miteinander zu verknüpfen. Diese 15 genannten Punkte erheben keinen Anspruch auf Vollständigkeit, aber sie bauen aufeinander auf.

Man sollte sie der Reihe nach so einfach wie möglich erklären und erst dann nach Belieben eine Ebene tiefer gehen. Es bringt wenig, sich gleich in Details zu verlieren. Genau das ist derzeit das Problem.

Solange diese Fragen unbeantwortet bleiben, kann von einem physikalisch fundierten Klimamodell keine Rede sein. Nur Wärmestrahlung zu bilanzieren, funktioniert nicht.

TEIL 3 - WISSENSCHAFTLICH ARBEITEN

Was unterscheidet Wissenschaft von einer Meinung? Es ist nicht die Lautstärke. Auch nicht das Auftreten. Es ist die Methode.

Wissenschaft bedeutet, eine Behauptung zu prüfen - nicht, sie zu glauben. Es bedeutet, eine These systematisch zu prüfen - bis sie sich entweder bestätigt oder als unhaltbar erweist. Das ist wichtig, denn Klimawandel ist kein Gefühl. Es geht nicht um Angst, Hoffnung oder politische Programme. Es geht darum, dass sich etwas erwärmt.

Beweise

Große Themen lassen sich schwer bis gar nicht beweisen, insofern dürfte niemand ernsthaft fordern, diesen Klimawandel in all seinen Facetten bewiesen zu bekommen.

Was man beweisen kann, ist die Art, wie sich Wärme überträgt. Da sitzt die Physik längst fest im Sattel, ihre Wärmegesetze und Formeln sind gültig.

Nun wird klar definiert, was genau bewiesen werden soll.

- Dass es wärmer wurde? Das dürfte bewiesen sein?
- Dass es am CO_2 liegt. Das ist nicht bewiesen und auch nicht beweisbar, siehe erforderliche Falsifizierbarkeit. Das wird gleich noch erläutert.
- Dass es nicht an unserer zusätzlich freigesetzten Wärme liegt.
- Dass es nicht daran liegt, dass die Bewölkung etwas weniger wird?

Begriffe

Schon der Begriff »Klimaerwärmung« ist unsauber. Ein Klima kann sich nicht erwärmen. *Klima* ist eine Datensammlung regionaler Wetterdaten über einen längeren Zeitraum von beispielsweise 30 Jahren. *Klimaerwärmung* ist so, als würde man sagen: Die Statistik schwitzt.

Der Begriff *Erderwärmung* mag umgangssprachlich sein, sollte vermieden werden, weil ihre Nutzer ungewollt zeigen, dass sie das Thema nicht verstanden haben. Die Erde können wir gewiss nicht erwärmen.

3.1. Der Begriff Treibhaus

Der sogenannte *Treibhauseffekt* ist nicht nur ein physikalisch fragwürdiges Konzept – er beginnt schon mit einem problematischen Namen.

Ein *Effekt* ist in der Physik eine messbare, reproduzierbare Folge einer Ursache. Im Alltag verwenden wir den Begriff oft unscharf – in der Physik gilt: Ohne eindeutigen Nachweis kein Effekt.

Das Bild vom *Treibhaus* wirkt anschaulich, ist aber physikalisch irreführend. In einem echten Treibhaus verhindern Glasscheiben den Luftaustausch. Die Luft bleibt gefangen – dadurch entsteht Wärme.

Doch die Atmosphäre besteht nicht aus Glas, sondern aus Gas. Und sie ist offen – zur Seite, nach oben, in alle Richtungen. Wie soll ein Treibhausmechanismus ohne »Haus« funktionieren?

Die Analogie hinkt nicht nur – sie steht auf keinem Bein. Auch der oft genannte Vergleich mit einer wärmenden Decke hält nicht: Eine Decke dämmt, weil sie die Wärmeleitung reduziert. Sich mit Luft zuzudecken, wird nicht viel bringen.

Historisch betrachtet ist es fraglich, ob ein Max Planck, Albert Einstein oder Ludwig Boltzmann den Begriff *Treibhausgas* überhaupt akzeptiert hätten. In ihren Arbeiten finden sich klare Definitionen thermodynamischer Prozesse - von einem »atmosphärischen Rückstrahleffekt«, der wie eine zweite Sonne wirken soll, war keine Rede.

Auf die Arbeit des Chemikers Svante Arrhenius, der 1896 überlegte, ob CO_2 eine wärmende Wirkung haben könnte, gingen die anderen Physiker nicht ein – zumindest fand sich dazu keine Quelle.

Der Ausdruck *greenhouse gases* taucht über **1.000-mal** im IPCC-Bericht (Google Books) auf. Er wird dort nicht nur als Bild gebraucht, sondern als etablierter Fachbegriff. Er entstammt keiner physikalischen Theorie – sondern ist ein sprachlicher Versuch, komplexe Strahlungsmodelle vereinfacht darzustellen. Das verschleiert aber die zugrunde liegenden physikalischen Fragen, anstatt sie zu klären.

Kurz gesagt: Der sogenannte Treibhauseffekt beginnt mit einem sprachlichen Kunstgriff – nicht mit einem physikalischen Nachweis.

3.2. Strahlungsantrieb

Ein Begriff, der in Klimaberichten fast ebenso oft fällt wie *Treibhaus*, ist der sogenannte Strahlungsantrieb – *radiative forcing*. Er klingt technisch und wissenschaftlich, ist jedoch kaum mehr als ein Rechenkonstrukt.

Der IPCC definiert ihn als:

»... Veränderung des Strahlungsgleichgewichts der Erde durch eine äußere Einflussgröße, gemessen in W/m² an der Tropopausenhöhe.«[10]

- Strahlungsgleichgewicht der Erde mit was genau?
- Zum Gleichgewicht gehören immer zwei.
- Zwei Kräfte, zwei Temperaturen, zwei Strahlungsflüsse.
- Wer oder was ist hier die zweite Kraft?
- Warum gerade in 12 km Höhe (*Tropopausenhöhe*)?
- Welche Veränderung? Bezogen auf welchen Anfangsbestand?

Es wird suggeriert, dass die Erde wie ein Buchhalter ihre Strahlungseinnahmen und -ausgaben führt – und ein Ungleichgewicht bestünde, wenn z. B. durch CO_2 weniger Energie ins All entweicht. Doch das ist keine Messgröße, sondern ein Modellwert, basierend auf Annahmen.

Der IPCC verwendet als Referenzwert den Strahlungsantrieb aus dem Jahr 1750! Warum gerade 1750? Und woher kommen die Werte?

Seit wann gibt es diesen Begriff? Seit den 1970er-Jahren – also seit es Klimamodelle gibt. In der klassischen Thermodynamik existiert er nicht. Weder Planck noch Stefan oder Einstein verwendeten ihn.

Der IPCC geht davon aus, dass durch menschliche Einflüsse seit 1750 ein zusätzlicher Strahlungsantrieb von **ca. 2,7 W/m²** entstanden sei – also eine Art Überangebot an Energie, das sich in der Atmosphäre staut.

Wie wird dieser Wert hergeleitet? Nicht durch Messung – sondern durch eine Modellrechnung. Ein Rechenbeispiel:

- 2,7 W/m² *in 12.000 m Luftsäule* = 0,000225 W pro m³.
- Aufgeteilt auf 270 Jahre ergibt das etwa **0,0000008 W/m³ und Jahr**.

---

[10] IPCC AR6, WGI TS.4.3.1

Wie bitte soll man 0,0000008 W/m^3 messen?

Selbst wenn man alle Messstationen, Ballons und Satelliten zusammenzählt: Ein direkter physikalischer Nachweis dieses Effekts existiert nicht. Es ist ein Bilanzposten, keine Beobachtung. Man hat sich auf ein Modell geeinigt – und prüft nur noch Abweichungen innerhalb dieses Modells.

Noch fragwürdiger ist der Versuch, diesen Effekt als universelle Erklärung zu etablieren. Die globale Temperatur sei um 1,09 °C gestiegen.

Berechnet man daraus mit der Stefan-Boltzmann-Gleichung die Veränderung der Abstrahlung, ergibt sich eine Zunahme um etwa 5,9 W/m^2 – mehr als doppelt so viel wie die behaupteten 2,7 W/m^2 Strahlungsantrieb.

Und nun?

- Wäre nicht eine abnehmende Bewölkung – also mehr direkte Sonnenstrahlung – eine viel plausiblere Erklärung?
- Hat man den Strahlungsantrieb nur erfunden, um das Modell stimmig zu halten?

Die entscheidende Frage lautet: Ist dieser Strahlungsantrieb eine messbare oder nur eine mathematisch angenommene Größe?

Antwort: Er ist modellbasiert. Und damit gilt auch hier: Man erhält genau das Ergebnis, das man zuvor vorausgesetzt hat.

Solche Begriffe mögen im Modellbau erlaubt sein – in der klassischen Physik aber zählen nur: Messung, Formel, Nachweis. Mit Fantasie kann man jeden Effekt erzeugen. Auch den eines Menschen, der theoretisch 50 Meter hochspringt – mit der richtigen Software.

.

3.3. Erwärmung durch Rückgang der Bewölkung?

Wenn sich die Erde erwärmt – warum nicht durch einen ganz einfachen Zusammenhang: mehr Sonne auf dem Boden?

Diese Erklärung wäre plausibel, nachvollziehbar und messbar. Und genau das ist seit Jahren zu beobachten: In Deutschland gingen die bewölkten Stunden laut Deutschem Wetterdienst (DWD) seit 1990 um etwa 18,5 % zurück. Es gab mehr Sonnenstunden. Jahr für Jahr. Und wenn mehr Sonne auf den Boden trifft – was passiert? Es wird wärmer. Das weiß jedes Kind.

Doch diese Entwicklung kommt im Klimabericht nicht vor. Warum nicht?

Weil es nicht ins CO_2-Modell passt. Der IPCC errechnet aus der Temperaturzunahme von 1,09 °C seit 1850 einen angeblichen Strahlungsantrieb (radiative forcing) von etwa 2,3–2,7 W/m^2. Klingt technisch, ist aber nichts weiter als ein Modellwert.

Man kann es gegenrechnen:

- Oberflächentemperatur früher 14,91 °C ergibt Q = 389,6 W/m^2
- Oberflächentemperatur heute 16,00 °C ergibt Q = 395,5 W/m^2

Das wären weit mehr als 2,7 – nämlich 5,9 W/m^2

Wäre der Rückgang der Bewölkung nicht die naheliegende Erklärung?

Mehr Sonne, weniger Wolken – das ergibt mehr Energie am Boden. Das ist messbar. Verständlich. Physikalisch begründbar.

Doch stattdessen behauptet man, es sei das CO_2 – ein Spurengas mit 0,04 % Anteil an der Atmosphäre, das 15 µm-Wellenlängen absorbiert. Obendrein in einer Atmosphäre, die zu 99,8 % gar nicht auf Infrarotstrahlung reagiert.

Wenn man der Logik des Klimaberichts folgt, müsste man CO_2 demnächst auch für den Rückgang der Bewölkung verantwortlich machen. Vielleicht durch eine neue Modellidee: *cloud radiative shrinking effect*? Klingt plausibel – zumindest auf einem Klimakongress. Man könnte auch fragen:

- Warum wird ein Effekt mit 2,7 W/m^2 so ernst genommen,
- während eine reale Zunahme von Sonnenstunden ignoriert wird,
- die über 5 W/m^2 ausmacht?

3.4. These oder Theorie?

Eine These ist eine begründete Annahme. Sie kann stimmen oder nicht. Eine Theorie ist weit mehr: eine in sich geschlossene, mit anderen Gesetzen kompatible Erklärung eines Phänomens – experimentell mehrfach überprüft und falsifizierbar.

Falsifizierbarkeit ist das Herz wissenschaftlichen Arbeitens. Eine These, die sich nicht widerlegen lässt, ist keine Physik – sondern ein Glaubenssystem.

Die Treibhausthese ist nicht falsifizierbar. Es gibt kein Experiment, das zeigen könnte: »Wenn CO_2 keinen Einfluss hätte, müsste das Ergebnis anders aussehen.«

Es gibt nur Rückrechnungen – auf Basis von Modellen mit eingebautem CO_2-Antrieb. Diese Treibhausthese entstand aus einem Analogieschluss,

- weil Messungen in den Industrienationen zeigen, dass es wärmer wurde,
- der CO_2 - Gehalt der Luft stieg und
- weil CO_2 bei bestimmten Wellenlängen absorbieren kann.

Es war naheliegend, dem nachzugehen. Nur müssen zeitgleich auch andere Möglichkeiten untersucht werden. Sofern das geschah, wurde nicht viel darüber berichtet.

Wenn die Bewölkung zurückgeht, kommt mehr Sonne auf den Boden – ohne dass die Sonne selbst stärker scheinen muss.

Die Bewölkung geht nachweislich zurück. Aber warum?

- These 1 - Bewölkung geht über den Industrienationen leicht zurück
- These 2 - Über den Industrienationen wird viel Wärme freigesetzt
- These 3 - Der Flugverkehr erhitzt die obere Luftschicht
- These 4 - Abwärme von Menschen und Nutztieren
- These 5 – Zunahme CO_2
- These 6 - Noch nie wurde so viel Erdbeerjoghurt produziert

Die beste Erklärung ist oft die einfachste:

- Mehr Sonnenstunden bedeuten mehr Einstrahlung.
- Weniger Wolken bedeuten weniger Reflexion.

3.5. Die großen Physiker

Was hätten Einstein, Planck oder Boltzmann zur heutigen Treibhausthese gesagt? Natürlich ist das spekulativ – aber nicht völlig abwegig. Denn es gab schon vor 100 Jahren klare Regeln, was als Wissenschaft gilt. Diese Regeln gelten bis heute.

Hätten sie die These ernst genommen? Vermutlich hätten sie gefragt: *»Wo ist das Experiment?«* Denn Physik basiert auf Beobachtungen, Herleitungen, Messungen – und vor allem: **auf Falsifizierbarkeit.**

Einstein legte Wert darauf, dass eine physikalische Theorie riskante Vorhersagen macht, die am Experiment scheitern können. Wenn eine Theorie nicht widerlegbar ist, ist sie keine Physik, sondern Glaubenssystem. Diesen Gedanken griff auch **Karl Popper** auf, ein Wiener Philosoph. Er lehrte ab 1946 als Professor für Logik und wissenschaftliche Methode in London.

Für ihn – wie für Einstein - war weniger die *Bestätigung* einer Theorie entscheidend, als vielmehr ihre prinzipielle Widerlegbarkeit – er sprach hier von **Falsifizierbarkeit**. Was ist damit gemeint?

1. Jemand behauptet, eine 16 °C warme Oberfläche strahlt 398 W/m^2 ab. Das lässt sich experimentell wiederholbar bestätigen.

2. Jemand behauptet: *»Ich kenne einen Menschen, der kann aus dem Stand 50 m hochspringen.«* Das ließe sich widerlegen – wenn man es zeigen müsste.

3. Jemand behauptet. *»Es gibt Außerirdische, die besser Tennis spielen als Roger Federer.«* Das wäre nur Glaubenssache. Widerlegen lässt es sich nicht.

Vielleicht hätte Einstein zur Treibhausthese gesagt: *»Wo ist das Experiment, das CO_2 als Verursacher identifiziert*? Und wo ist das Szenario, das diese These widerlegen würde?« Es gibt kein solches Experiment. Nur Modelle – die von Anfang an voraussetzen, dass CO_2 die Ursache ist.

Wenn man die Treibhausthese an einer Universität zur Prüfung einreicht?

- Gibt es eine Herleitung?
- Gibt es Messungen?
- Ist die Theorie konsistent mit anderen Naturgesetzen?
- Ist sie falsifizierbar?

Die Gutachter würden feststellen:

- Die Zahl 342 W/m² Gegenstrahlung ergibt sich aus einer Bilanzkorrektur – nicht aus einem physikalischen Mechanismus.
- Es fehlt eine Formel mit konkreten Parametern.
- Der Begriff *radiative forcing* ist kein Naturgesetz, sondern nur ein fiktiver Rechenwert.
- Es gibt keine experimentelle Bestätigung, keine gezielte Falsifizierung.

Die Reaktion wäre:

»Das ist kein physikalisches Modell, sondern eine modellbasierte Annahme mit eingebautem Ergebnis. Kommen Sie bitte wieder, wenn Sie eine widerlegbare Vorhersage haben.«

Physikalisches Arbeiten heißt:

1. Phänomene beobachten
2. Hypothesen formulieren
3. Theorien herleiten
4. Messen und experimentieren
5. Falsifizierbarkeit gewährleisten
6. Nachvollziehbarkeit sicherstellen
7. Konsistenz mit Naturgesetzen
8. Erweiterung nur durch logische Begründung

Wie viele dieser Punkte erfüllt die Treibhausthese?

Wäre diese These im Jahr 1970 zur Dissertation eingereicht worden:

»Die Arbeit behandelt ein interessantes Thema. Leider erfüllt sie nicht die wissenschaftlichen Anforderungen an eine physikalische Dissertation. Es fehlt die Herleitung, die Falsifizierbarkeit, die Experimentierbarkeit. Abgelehnt.«

Im Jahr 2025:

»Die Arbeit mag gesellschaftlich relevant sein. Ihre Methodik bleibt jedoch hypothetisch, nicht überprüfbar und basiert auf Modellannahmen. In den Sozialwissenschaften oder in der Modelltheorie wäre sie besser aufgehoben als in der experimentellen Physik.«

Was ist mit dem Konsens von 97 % der Forscher?

Oft hört man: *„97 % der Wissenschaftler sind sich einig …“*Das stammt aus der oft zitierten Studie von Cook et al. (2013). Doch was sagt sie wirklich?

- 11.944 Abstracts wurden untersucht.
- Nur 32,6 % äußerten sich überhaupt zur Ursache des Klimawandels.
- Davon stimmten 97 % der These zu, dass der Mensch Einfluss hat.
- Es wurde **nicht** gefragt, wie stark dieser Einfluss ist.
- CO_2 wurde **nicht** explizit bewertet.
- Es wurde nur der Wortlaut der Abstracts untersucht.

Fazit: Die 97 % sind ein Artefakt der Auswahl.

Dieses Buch stellt den menschlichen Einfluss auf das Klima gar nicht infrage – es stellt lediglich die CO_2-Zuschreibung infrage.

Es ist erstaunlich, wie viele Verteidigungs- und Erklärungsversuche es für die Treibhausthese bis heute gibt. Man darf diesen Menschen ehrliche und seriöse Absichten unterstellen. Aber ist ihnen wirklich nicht bewusst, was sie hier verteidigen? Sie verteidigen eine Modellannahme, die ihren Ursprung in einer Energiebilanz hatte, die nicht aufging. Dass es sich hier um Physik handelte, war Zufall.

Alles, was danach folgte, war nur der Versuch, 342 W/m^2 Gegenstrahlung zu begründen.

Eine Gegenstrahlung, doppelt so stark wie die Sonneneinstrahlung am Boden. Das ist – wie bereits erwähnt – nicht einmal falsifizierbar. Dazu müsste man festlegen, wie das Klimasystem ohne CO_2 in der Luft wäre. Das wurde sogar versucht mit dieser Rechnung zu den -18 °C. Man wollte nur die Treibhausgase aus einer einfachen Modellrechnung weggelassen, aber es wurde auch alles andere weggelassen, was unser Klima auszeichnet: Die Luft, die Ozeane, der Tag/Nacht-Rhythmus und die damit verbundene große Wärmespeicherfähigkeit des Bodens, allem voran der Ozeane.

Ein Fehler beim Erstellen eines Klimamodells mit seiner Komplexität ist entschuldbar. Aber eine Rechnung mit $\Delta T = 33$ °C ohne Treibhausgase und man lässt alles weg, was zum Klima gehört – das ist kein versehentlicher Fehler mehr, sondern irreführende Absicht. Warum verteidigen Menschen, sie sich für gebildet und physikalisch bewandert halten, eine solche These?

- Der Wunsch, auf der richtigen Seite zu stehen.
- Angst vor dem Gesichtsverlust?
- Oder einfach nur: **Weil es alle so machen?**

TEIL 4 - ABER ES WIRD DOCH WÄRMER!

Was vor Jahrzehnten teilweise kontrovers diskutiert wurde, gilt heute als gut belegt: **Es wird wärmer – vor allem in den letzten 40 Jahren**. Als Bezugsgröße sollte dabei nicht das Jahr 1885 gelten, sondern 1980 – also der Beginn der modernen, messtechnisch gut dokumentierten Phase.

- Der CO_2-Gehalt der Luft hat sich erhöht von 0,034 auf 0,042 %.
- Die Weltbevölkerung nahm zu von 4,5 auf 8,2 Milliarden Menschen.
- Der Weltenergieverbrauch nahm zu von 280 auf etwa 620 Exajoule (EJ).
- Der Flugverkehr nahm zu von 600 Millionen auf 4,5 Milliarden Passagiere.
- Die Anzahl der Fahrzeuge stieg von 400 Millionen auf 1,6 Milliarden.
- Die Anzahl der Sonnenstunden erhöhte sich um 8 – 13 %.

Es gibt noch viele weitere Punkte, denn eigentlich nahm alles zu in den letzten Jahrzehnten. Es gibt Kritiker, die behaupten, diese Erwärmung sei nur herbeigerechnet. Abbildung 22 zeigt den Temperaturverlauf der weltweiten Messstationen. Seit 1980 geht die Kurve steiler bergauf. Doch fast zeitgleich wurden die weltweiten Messstationen auf dem Boden zwischen 1989 und 1992 von über 6.000 auf unter 2.000 reduziert.

Aber inzwischen dürfte diese Kritik schwächer geworden sein, denn es wird wärmer.

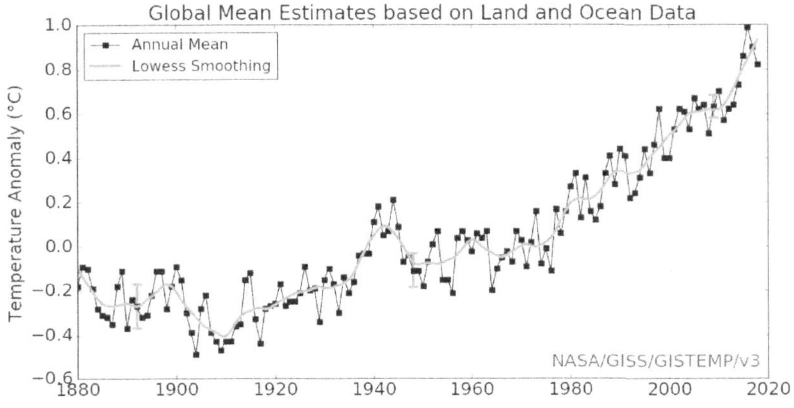

Abbildung 22 - NASA

4.1. Warum wird die Bewölkung weniger?

Eine mögliche Spur führt zum weltweit stark gestiegenen Energieverbrauch. Heute liegt der Weltenergieverbrauch bei ca. 620 Exajoule (EJ) pro Jahr.

Gleichmäßig über die Erdoberfläche von 510 Millionen km^2 verteilt ergäben sich – wie vorhin erwähnt - nur 0,038 W/m^2.

Aber der Weltenergieverbrauch ist nicht gleichmäßig verteilt.

Die anthropogene Wärmeerzeugung konzentriert sich auf die Industrienationen – weltweit auf nur 0,6 % der Erdoberfläche.

Werden auf diesen 0,6 % zusätzliche 4 W/m^2 freigesetzt, kann das regionale und auch großräumige atmosphärische Effekte hervorrufen.

- Die stärkere thermische Konvektion verstärkt lokale Luftzirkulationen.
- Das kann die großen Strömungen zwischen Tropen und Polarregionen abschwächen oder umlenken.
- Solche Änderungen der atmosphärischen Dynamik könnten die Bewölkungsverteilung beeinflussen – insbesondere in mittleren Breiten.

Die Sonne scheint mit 1.361 W/m^2 an den oberen Rand der Erdatmosphäre. Diese Zahl ist belegt. Sie variiert ein wenig durch die Sonnenflecken, aber etwa alle 11 Jahre sind es wieder 1.361 W/m^2.

Temperatur Boden früher	15 °C	390	W/m^2
Temperatur Boden heute	16 °C	396	W/m^2
Unterschied Wärmemenge		**6**	**W/m^2**
Betrachtungszeitraum z. B.		60	Jahre
Wärmemenge in 10 Jahren		1,0	W/m^2
Wärmemenge bei +-1 % Bewölkungsgrad		3,4	W/m^2
Reduzierung Bewölkungsgrad		0,44	%

Tabelle 20 – Erforderliche Abnahme Bewölkungsgrad für 1 W/m^2

Wenn es in 30 Jahren um 1,5 °C wärmer wurde, ließe sich das auch damit erklären, dass die Bewölkung in diesen 10 Jahren um 0,44 % zurückging.

Die Bewölkung ging sogar noch weiter zurück, siehe die wachsende Anzahl der Sonnenstunden.

4.2. Der Einfluss des Flugverkehrs

Ein besonderes Augenmerk sollte dem weltweiten Flugverkehr gelten.

- Schätzungen zufolge startet weltweit gut jede Sekunde ein Flugzeug.
- Abgase mit ca. 1.300 °C werden in eiskalte Höhenluft freigesetzt.

Diese punktuelle Wärmeeinbringung in große Höhen hat mehrere Besonderheiten:

- Die Abwärme wird nicht wie am Boden durch Konvektion verteilt, sondern bleibt zunächst lokal in einer sehr dünnen Luftschicht.
- Der Effekt tritt kontinuierlich auf stark frequentierten Flugrouten auf – es handelt sich nicht um zufällige Einzelereignisse, sondern um dauerhafte, linienförmige Wärmequellen in großer Höhe.
- Diese Einträge erfolgen genau in den Schichten, in denen der Jetstream und andere Höhenwinde verlaufen.

Es gibt begründete Vermutungen, dass diese linienförmige Wärmezufuhr die Struktur der atmosphärischen Zirkulation beeinflusst, bekannt als Jetstream.

Möglicherweise werden Luftströmungen in der Höhe verändert, abgeschwächt oder verlagert. Die Forschung hierzu steckt noch in den Anfängen, aber erste Studien weisen auf messbare Rückkopplungseffekte im globalen Strömungssystem hin. Nur wird das vermutlich wieder im Zusammenhang mit CO_2 betrachtet, denn egal, was geschieht, immer ist es CO_2.

Da der Flugverkehr auf festen Routen und in konstanten Flughöhen stattfindet, ballen sich die Effekte geografisch und vertikal. Die Atmosphäre wird damit nicht nur erwärmt, sondern auch strukturell verändert – ein Effekt, der bislang kaum in Standardmodellen berücksichtigt wird.

Es wäre eher ein Wunder, wenn das den Jetstream kalt ließe.

Es ist die Wärme, die hier etwas bewirkt, denn dass diese Abwärme etwas bewirkt, ist unstrittig. **Die Frage ist nur, wie viel sie bewirkt.**

CO_2 ist nur die Begleiterscheinung durch Verbrennung.

Was soll es bringen, Kerosin durch Pflanzenöl oder Wasserstoff zu ersetzen? Wärme ist Wärme!

Allein von 2012 bis 2017 stieg die Anzahl der weltweiten Flüge jährlich von 35,4 Millionen auf 41,8 Millionen Flüge.

- Das sind pro Sekunde 1,3 Flüge!
- Pro Sekunde!
- Alles im Jetstream.

In dieser Höhe ist die Luft deutlich dünner (nur noch ca. 25 % der bodennahen Luft), die Kerosinabgase sind ca. 1.300 °C heiß. Wäre es verwunderlich, wenn diese Hitze diese mächtigen Luftströme beeinflusst?

Der globale Flugverkehr macht

- etwa 5 % des Weltenergieverbrauchs aus, was
- **700 Millionen Tonnen Kerosin pro Jahr** entspricht.
- Davon sind etwa 0,3 % Ruß, 2 Millionen Tonnen jährlich.
- Verteilt auf 250 Mio. km^2 (halbe Erdoberfläche) nur 0,008 g/m^2.
- Doch das reicht für eine 30 Schichten dünne Decke aus Rußpartikeln.
- Nicht die Masse, sondern die optische Wirkung des Rußes ist relevant.
- Der Eintrag erfolgt kontinuierlich, vor allem über der Nordhalbkugel,
- genau dort, wo die größten Gletscher liegen.

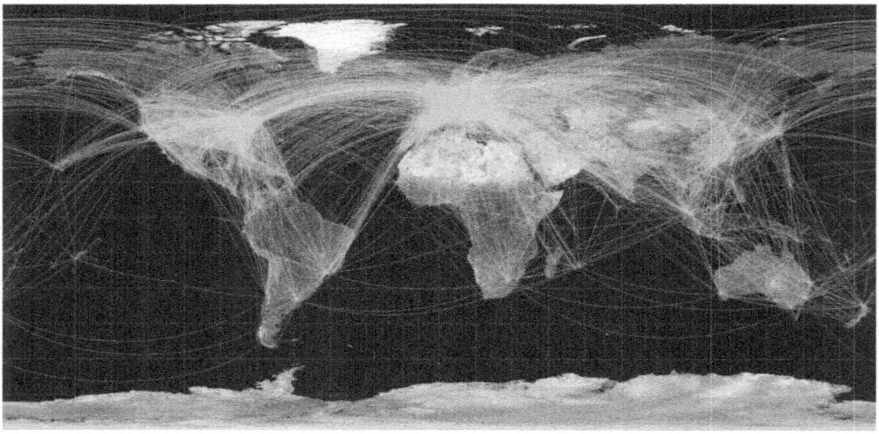

Abbildung 23– Weltweiter Flugverkehr, ©Patterson Airtraffic

4.3. Stau auf der Klimaautobahn

Staus sind wir gewöhnt und der Grund ist klar: Immer mehr Autos sind unterwegs und das nicht querfeldein, sondern auf Straßen. Der Verkehr ist nicht flächig verteilt, sondern linienförmig. Auf 75 % der Erde findet er nicht statt, denn sie bestehen aus Ozeanen und Polareis. Die restlichen 25 % bestehen vorwiegend aus Wald und Landwirtschaft.

Verkehr, Wohnen und Industrie gibt es auf 1 % der Erdoberfläche.

Wir führen dem Klimasystem große Mengen zusätzlicher Wärme zu, die sich in den Luftströmungen über dem Festland sammeln und Richtung Norden ziehen. Aus jeder Seitenstraße kommt neue Wärme dazu, der Verkehr wird dichter und kommt langsamer zum Nordpol als früher. Die Wärme staut sich.

Das Klimasystem wird nicht schneller, sondern langsamer. Die Wärme nimmt Umwege, das Wetter bleibt oft länger als früher an Ort und Stelle. Auch das beobachten wir. Mal regnet es wie aus Eimern, dann wieder Wochen gar nicht. Das gab es früher auch schon, nur nicht so extrem. Das Wetter ist grundsätzlich dasselbe, nur etwas verdichteter.

In Europa waren die Alpen immer schon ein Hindernis für die Luft. Sie strömt seit eh und je über Italien durch die Po-Ebene, die auf dem Meeresspiegel liegt. Danach muss die Luft 2.000 m hohe Berge überwinden. Das musste sie auch immer schon, aber diesmal wurde die Luft schon über Italien aufgeladen und ab dem Brenner kommt aus jedem Seitental neue Wärme dazu.

Nun wundert man sich, warum es in Norditalien und Österreich viel wärmer wurde als im Rest von Europa. Interessant, dass man sich da wundert. Weil es bedeutet: Die, die sich wundern, haben Wärme nicht verstanden, und zwar kein bisschen. Nur dann kann man an ein rückstrahlendes Spurengas mit 0,042 % Luftanteil glauben.

CO_2 ist ein Nebenprodukt des Verbrennens. Dabei wird Wärme erzeugt und nebenbei CO_2. Man macht aber nicht die Wärme verantwortlich, sondern ein Nebenprodukt. **Nicht das brennende Holz im Ofen macht warm, sondern die Asche der Asche?**

4.4. Luftströmungen

Abbildung 24 zeigt die 2 x 3 großen Luftwalzen auf der Nord- und Südhalbkugel. Der Klimawandel spielt sich vorrangig in der Ferrelzelle ab und diese treibt die Polarzelle an, weil diese drei Luftwalzen wie Zahnräder ineinandergreifen.

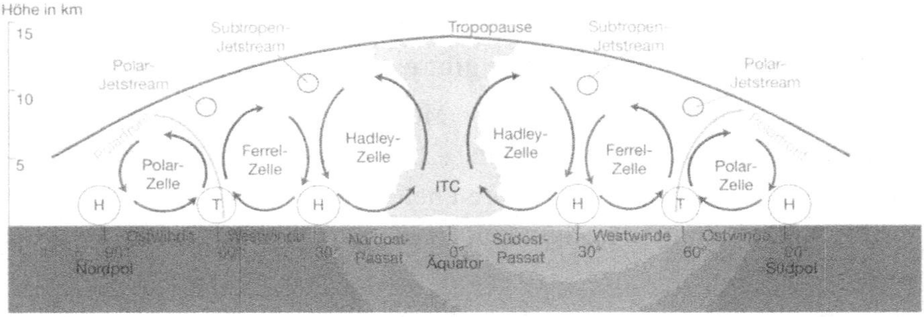

Abbildung 24-www.schullv.de

Ritzt man eine Orangenschale längs in viele Segmente (Längengrade der Erde), sind die Segmente in der Mitte breit, oben und unten spitz.

Die Längengrade laufen konvergierend zusammen. Das führt zu einer weiteren Verdichtung der Luft, denn die Luftschicht ist dort auch noch deutlich niedriger als am Äquator. Natürlich endet die Luft dort nicht, sondern sie zirkuliert weiter, seitlich versetzt durch die Erdrotation.

Wenn nun aus Süden mehr Wärme kommt als früher, was bedeutet das prinzipiell für diese Luftschicht Richtung Nordpol, rein von der Wärmemenge? Dabei spielt es vorerst keine Rolle, ob diese Wärme

- durch verstärkte Sonneneinstrahlung oder
- anthropogene Wärmequellen oder
- eine Mischung

herrührt. Denn Wärme ist Wärme. Es kommt zu folgendem Phänomen:

- Abnahme des Temperaturgradienten
- Schwächung und Destabilisierung der Zirkulationssysteme
- Zunehmende "Stau-Effekte" in der Atmosphäre
- Veränderung der Wetterverteilung – langsamer, blockierender, extremer

Aber diese Auflistung trifft es noch nicht ganz, denn wir setzen die Wärme punktweise ins Klimasystem frei. Das wirkt sich auf die kleineren, regionalen Luftströmungen aus. Sie kreisen etwas mehr.

Wenn dadurch die Bewölkung etwas dünner wird, wird der Weg frei für mehr Sonnenwärme am Boden. Das alles übereinandergelegt, wäre eine spannende Herausforderung für Experten für Luftströmungen, diesen Phänomenen nachzugehen. Dafür reicht das Fachwissen in diesem Buch nicht.

Es gäbe so viel zu tun für die Klimaforschung, die gute Arbeit leistet. Nur müssen all ihr Erkenntnisse durchs Nadelöhr CO_2. Egal was ist, es liegt immer am CO_2 - irgendwie.

Im rechten Teil der unteren Abbildung kann man dieses Temperaturgefälle wie die Neigung einer Skipiste auffassen. Das weltweite Wetter lebt von diesem Gefälle.

Der kleine, unscheinbare Buckel in Abbildung 25 (Pfeil rechts) zeigt die zusätzliche Wärme, die wir dem Klimasystem zufügen. Der Weltenergieverbrauch entsteht nur über einem sehr kleinen Teil der Erdoberfläche.

In unserer Klimaskipiste gibt es nun eine thermische Unwucht. Hier geschieht etwas. Die Luftströmung verändert sich.

Abbildung 25 - Neu gebaute Buckelpiste unseres Klimas

Das erklärt, warum das Wetter länger über den Industrienationen kreist. Es staut sich. Das kann wahlweise längere Dürre- oder Regenperioden nach sich ziehen. Also genau das, was wir haben.

Wenn es tagsüber

- am Äquator + 40 °C warm ist
- und am Nordpol -40 °C,
- dann sind das 80 °C Temperaturunterschied auf rund 10.000 km.
- Die Luft kühlt nach Norden um etwa 1,2 °C je 100 km ab.
  Das deckt sich auch mit unserer Erfahrung.

Nun steigt über den Industrienationen zusätzliche Wärme auf, vor allem im Winter. Jedes Gebäude in einer von Natur aus kalten Winterlandschaft ist ein Heizkörper.

Messreihen zeigen: In Gebirgsregionen liegt die Erwärmung bei über 3 °C, in Finnland sogar noch darüber – deutlich mehr als der globale Durchschnitt. Helsinki liegt am 60. Breitengrad. Abbildung 24 zeigt: Hier ist die Nahtstelle zwischen der Ferrelzelle und der Polarzelle. Die Luft strömt nicht in einem Rutsch zum Nordpol, sie legt zwei Pausen ein.

Mexiko trifft es auch härter. Es liegt am 30. Breitengrad.

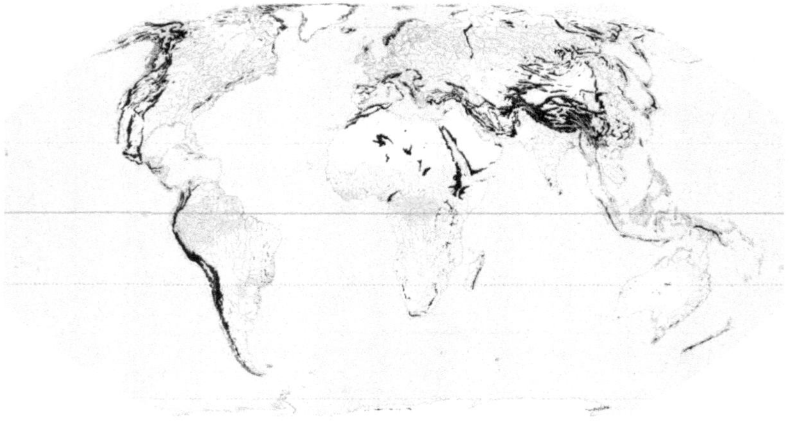

Abbildung 26 - Gebirge weltweit

Die Alpen bilden seit jeher in Europa ein Stauwehr ziemlich genau in der Mitte der gemäßigten Ferrelzelle, wo das Riesenrad der Luftströmung seinen Hochpunkt hat.

Betrachten Sie hierzu noch einmal die Abbildungen 24 und 25, insbesondere den 30. und 60. Breitengrad, welche Städte und Länder dort liegen die großen Gebirge der Welt.

Abbildung 27 - Gebirge Europa und Nahost

- Rocky Mountains (35–50° N) als Riegel gegen den Pazifik
- Appalachen (30–45° N) Nicht so hoch wie die Rockies, aber relevant für Oströmungen, Sturmzüge und Feuchtetransport.
- Himalaja (27–35° N), der massivste Klimariegel der Erde.
- Tienschan, Pamir, Kunlun

Die 30-°-Zone ist in Asien deutlich wärmer und trockener als in Europa, weil die kühlenden Ozeane weiter entfernt sind. Das hat alles seine Logik.

Die Luft strömt von den Tropen zum Nord- und Südpol! Aber wie geht es von dort weiter mit der Luftströmung? Betrachten wir zuerst den Nordpol.

Interessant ist auch der 45. Breitengrad, weil dort die Ferrelzelle ihren Hochpunkt hat. Dort liegen die Alpen. Dort hat die Ferrelzelle ihren größten Schwung, der nun durch zuströmende zusätzliche Wärme gebremst wird.

Die kleinen Luftverwirbelungen

Innerhalb dieser großen, globalen Luftströmungen gibt es die Ebene der zahllosen kleinen Verwirbelungen und wie sich diese auswirken.

Bereits minimale Wärmeeinträge führen zu gut sichtbaren, rotierenden Luftbewegungen – auch in ruhiger Luft. Solche Effekte – im Großen gedacht – können Rückschlüsse auf regionale Luftströmungsveränderungen durch Städte, Heizsysteme oder Flugverkehr zulassen.

Es gibt Studien[11] zu diesem Thema, die ein eigenes Buch wert wären. Die Studie *„Downwind footprint of an urban heat island on air and lake temperatures“* (Cosgrove & Berkelhammer, 2018) zeigt:

- Städtische Wärmequellen, wie Gebäudeheizungen, Industrieanlagen oder Verkehr, erzeugen aufsteigende Warmluftströmungen, die nicht lokal bleiben.
- Über Chicago konnte ein Wärmepfad (*heat plume*) in bis zu 2 km Höhe und bis zu 70 km Entfernung nachgewiesen werden.
- Auch über Gewässer wie den Lake Michigan setzt sich dieser Wärmepfad fort – allerdings verkürzt auf ca. 40 km, da das Wasser Wärme aufnimmt.
- Diese »Stadtplume« kann die Grenzschicht der Atmosphäre verändern, etwa durch Höhenzunahme, was wiederum Konvektion, Wolkenbildung, Luftqualität und Wetterverteilung beeinflusst.
- Nächtliche Beobachtungen zeigten besonders deutliche Temperaturanstiege zwischen 0 und 400 m Höhe, wobei Luftmassen bis zu 5–10 °C wärmer waren als ihre Umgebung.

Punktuelle Wärmefreisetzungen in Städten haben messbare atmosphärische Wirkungen, die über das Stadtgebiet hinausreichen – und damit auch für den regionalen Klimawandel relevant sind. Diese Prozesse entsprechen im Kleinen dem, was man an einem Schornstein oder bei einer Zigarette beobachten kann – nur in deutlich größerem Maßstab.

---

[11] Downwind footprint of an urban heat island on air and lake temperatures
Ann Cosgrove & Max Berkelhammer, publiziert 2018 in Nature npj Climate and Atmospheric Science (2018)1:46; doi: 10.1038/s41612-018-0055-3

Die USA sind ein großes Land, da verteilt sich die Wärme besser als im dicht besiedelten Europa und hier speziell Deutschland.

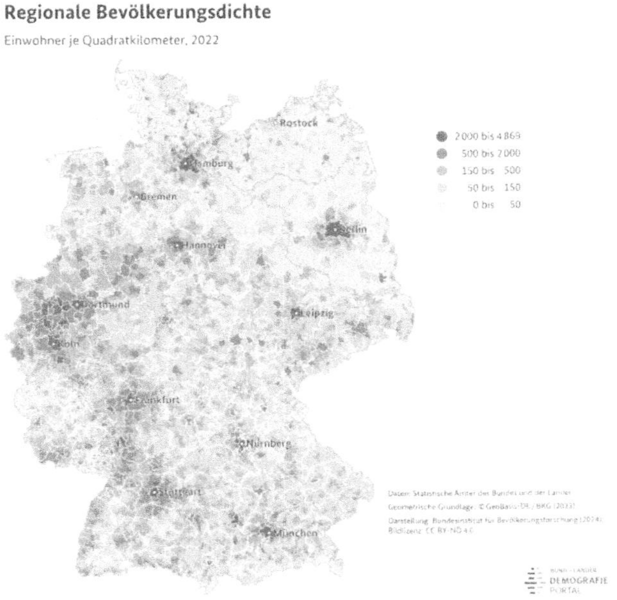

Abbildung 28 - Bevölkerungsdichte Deutschland - Quelle: Bundesinstitut für Bevölkerungsforschung, Bildlizenz CC BY-ND 4.0

Wie die Landkarte zeigt, handelt es sich nicht um vereinzelte Wärmeströme, sondern um zahllose Quellen: Gebäude, Fahrzeuge, Maschinen, dicht befahrene Straßen, die als lineare Wärmequellen wirken. Dazu der Flugverkehr von oben. Wer behauptet, all das bleibe ohne klimatische Wirkung, müsste das erst einmal belegen.

Würde diese Wärme gleichmäßig über das ganze Land aufsteigen, wären die Effekte geringer. Doch genau das geschieht nicht: Die anthropogene Wärme konzentriert sich auf weniger als 1 % der Erdoberfläche – und genau diese Asymmetrie macht den Unterschied. Es ist wie bei einem Hebel: Nicht die Gesamtmasse entscheidet, sondern der Angriffspunkt.

Künstlich erwärmte Luftpakete steigen auf, treffen auf kühlere Strömungen, verursachen Verwirbelungen, Umlenkungen, Instabilitäten – nicht im Modell, sondern in der realen Atmosphäre.

Laut Daten des DWD (Deutscher Wetterdienst) ging sie in Deutschland seit 1980 um 18,5 % zurück. Das ist ein bemerkenswerter Rückgang – und ein potenzieller Verstärker der Erwärmung, denn: Weniger Wolken = mehr direkte Sonneneinstrahlung.

Könnte dieser Rückgang mit den genannten Luftverwirbelungen zusammenhängen? Eine definitive Antwort kann dieses Buch nicht geben – doch einige physikalische Überlegungen legen einen Zusammenhang nahe:

- Durch künstlich erzeugte Wärme steigt die Luft stärker und turbulenter – aber auch lokaler, was die großräumige, gleichmäßige Hebung stören kann.
- Warme, turbulente Luft vermischt sich mit kälteren Luftschichten, kann feuchte Luft verdünnen oder austrocknen, bevor Kondensation einsetzt.
- Dazu noch der Flugverkehr, der von oben Wärme zuführt, wieder asymmetrisch.

Das wäre ein weites Feld für Atmosphärenphysiker und Strömungsexperten. Vielleicht würde sich manches relativieren – vielleicht aber auch nicht. Ein Rückgang der Bewölkung um fast 20 % in nur 35 Jahren ist jedenfalls ein Alarmsignal.

Es ist nicht die Wärme selbst, die den Boden erwärmt – sondern die Sonne. Die erwärmte Luft öffnet der Sonne den Vorhang.

Dem steht die Vorstellung entgegen, 0,04 % kaltes CO_2 hätten denselben Effekt. Laut IPCC sogar ein Vielfaches der Sonne. Diese These gehört unter der Rubrik »physikalisch unhaltbar« abgelegt.

Der Weltklimarat IPCC erkennt zwar, dass Menschen Wärme in die Atmosphäre einspeisen – erklärt aber diese direkte Energiezufuhr für wirkungslos, während er Spurengase mit 0,04 % Luftanteil zum Hauptakteur erklärt.

Diese **Fixierung auf CO_2** ist keine wissenschaftliche Vorsicht, sondern ein Erkenntnishindernis. Sie blockiert eine ergebnisoffene Forschung – und das ist **unverantwortlich.**

Wir müssen uns entscheiden, was wir retten wollen: Das Klima – oder diese Treibhausthese. Beides wird nicht gehen. Wo liegt der Grund, sich weiterhin ans CO_2 zu klammern? Ist das nur institutionelle Trägheit?

TEIL 5 - LÖSUNGSVORSCHLÄGE

Dieses Buch hat die Treibhausthese und ihre Verfasser scharf kritisiert. Das wäre eine Interpretation. Aber eigentlich wurde diese These nur nach den Maßstäben der Physik untersucht - das Ergebnis war kein Kompliment.

Verfasser und Verfechter dieser These können darauf antworten. Dann würde endlich etwas stattfinden, was es noch nicht gab: Eine Diskussion auf der Grundlage physikalischer Wärmegesetze. Keine der üblichen Wortwechsel, die geprägt sind von Weltbildern, persönlichen Meinungen und Beleidigungen, sondern der Fokus ganz auf Wärme.

Nach Ansicht dieses Buchs müssen wir - was das Verständnis der Erwärmung unseres Klimasystems betrifft - bei null anfangen: Die Klimaberichte gehören komplett überarbeitet. CO_2 wird gestrichen, stattdessen rückt die zusätzliche Wärme in den Fokus, die über dem dicht besiedelten Festland der Industrienationen freigesetzt wird. Was punktuelle Wärmeeinträge in den globalen Luftströmungen bewirken, gilt es zu untersuchen.

Hier kommt uns die Wirklichkeit entgegen, denn die Sonnenstunden nehmen zu und das bedeutet: Die Bewölkung wird etwas schwächer. Damit hätte man einen tragfähigen, an die Wirklichkeit angepassten Ausgangspunkt.

In diesem Fall kann man Modelle anwenden, weil man keine Parameter mehr erfinden muss. Die Klimaforschung hat sehr viel zusammengetragen, das muss nur aus dem Korsett einer CO_2-Fixierung befreit werden, was an sich ganz einfach wäre.

Dann müssten wir eingestehen: 35 Jahre Klimapolitik auf falscher Grundlage! Die politischen, wirtschaftlichen und gesellschaftlichen Folgen wären enorm. Unternehmen haben sich diesem CO_2-Dogma angepasst und verdienen ihr Geld damit.

Man muss sich angesichts der Folgen tatsächlich fragen, ob es nicht besser wäre, es bei dieser Treibhausgeschichte zu belassen. Sie hilft zwar dem Klima nicht oder wenn, dann nur durch Zufallstreffer. Aber die gesellschaftlichen politischen Folgen wären enorm. Die ohnehin schon aufgeheizte Stimmung könnte kippen. Wie würden die Menschen es aufnehmen, wenn der IPCC sagen würde: »*Sorry Leute, wir haben uns getäuscht.*«

Hätten sie Verständnis für diese Ehrlichkeit? Oder wäre das Vertrauen in die Politik dann vollends dahin?

Diese Ambivalenz wäre ein spannender letzter Denkanstoß: Was wiegt mehr – Enttäuschung über 35 Jahre Irrtum oder die Chance auf einen Neuanfang? Das könnte auch eine Erleichterung sein, denn vermutlich ahnen viele Menschen schon länger, dass irgendetwas mit dieser CO_2-These nicht stimmt. Dass gleich gar nichts stimmt, dürften nur wenige erwartet haben.

Wir haben nur zwei Möglichkeiten:

- Wir glauben weiterhin ans CO_2. Dann wird es wärmer und wärmer.

  Aus 1,5 °C werden 5 °C in 50 Jahren. Was dann?
- Oder wir beenden diese Treibhausgeschichte gleich.

Nehmen wir an, diese Treibhausthese gäbe es nicht. Man hätte das vor 35 Jahren kurzzeitig erwogen, es aber dann bleiben lassen, weil es der Physik widerspricht. Was wäre uns damit alles erspart geblieben!

Ein richtiger Klimabericht hätte unsere zusätzliche Wärme als wahrscheinlichen Auslöser erkannt und wäre der Frage nachgegangen, ob diese punkweise freigesetzte Wärme die globalen Luftströme leicht verändert und sich deshalb die Bewölkung etwas lichtet, was wiederum zu mehr Sonneneinstrahlung am Boden führt.

All das ist real – es müsste nur sauber quantifiziert werden. Insbesondere der Flugverkehr muss geprüft werden, ob die Abgase in der Höhenluft etwas Nachteiliges bewirken. Der Jetstream scheint sich zu verändern, aber der Zusammenhang müsste sauber herausgearbeitet werden.

Eine wirklichkeitsnahe Klimapolitik hätte auch Folgen, denn wir können auch dann nicht einfach so weitermachen. Es gäbe eine kleine Schnittmenge zur jetzigen Treibhauspolitik.

Einige Maßnahmen wie Solartechnik, Luftwärmepumpen und Erdwärmepumpen mit Flachkollektoren sowie elektrische Antriebe wären auch im neuen Modell sinnvoll – aber aus anderen Gründen. Alles andere wäre vom Tisch: Wasserstoff, Pflanzenöl, Heizen mit Holz, Tiefensonden, synthetische Kraftstoffe, Biogas - und auch Atomkraft.

Man kann sie nutzen, aber nur mit dem Wissen, dass sie für Klima nicht besser sind als Gas, Öl oder Kohle.

Sollte sich bewahrheiten, dass der Flugverkehr für das Klima so nachteilig ist, wie das hier im Buch vermutet wird, was macht man dann?

Auf keinen Fall in pädagogischem Zwangsverhalten alles sofort umsetzen wollen. Unsere Wirtschaft ist kein abstraktes System, sondern das sind wir alle. Sie betrifft nicht nur diejenigen, die direkt damit ihr Geld verdienen, sondern auch alle indirekten Geldbezieher. Die Wirtschaft ist kein Ruderboot, das schnell den Kurs wechseln kann. Es ist ein Ozeanriese, der viele Kilometer vorher schon gegensteuern muss. Also werden wir abwägen müssen.

Zum Abwägen gehört auch der Versuch, bis zu welchen Temperaturen das sich in den Industrienationen noch steigern kann. 1,5 °C haben wir schon, teilweise mehr. Können daraus auch 3, 5 oder gar 10 °C mehr werden?

Es gibt noch viele offene Fragen. Doch bevor wir Antworten finden, müssen wir die richtigen Fragen stellen – frei von Denkverboten und mit dem Mut zur physikalischen Wirklichkeit.

In der Wissenschaft ist Irrtum keine Schande – solange er korrigiert wird. Fast jede große Theorie hat sich aus einem vorherigen Irrtum befreit. Doch je länger ein Irrtum etabliert bleibt, desto schwerer wird seine Korrektur.

Auch beim Schreiben dieses Buchs stellte sich die Frage: Was, wenn der Inhalt falsch ist – nicht im Sinne eines Zahlendrehers oder Tippfehlers, sondern grundlegend? Diese Möglichkeit war stets präsent. Deshalb wurde an jedem Satz gefeilt, jede Herleitung mehrfach überprüft. Sicherheit gab dabei nicht ein Bauchgefühl oder Rechthabenwollen, sondern die Physik – ihre Gesetze, ihre Logik, ihre Messbarkeit. Ohne diese Grundlage wäre dieses Buch niemals erschienen. Eine Meinung mag in vielen Lebenslagen genügen – hier jedoch zählt nur physikalische Substanz.

Sie sind nun am Ende dieses Buches angelangt. Es wäre spannend, zu erfahren, wie Sie den Inhalt aufgenommen haben – ob er Sie bereichert, bestätigt oder wütend gemacht hat. Zu Beginn des Buchs wurde empfohlen, Ihre aktuelle Sicht auf den Auslöser des Klimawandels festzuhalten. Wenn Sie das getan haben - zumindest gedanklich: Hat sich daran etwas geändert?

Wenn Sie dieses Buch für sinnvoll halten, sprechen Sie darüber. Nicht mit den Lautesten – sondern mit den Neugierigsten.

Vielleicht ergibt sich auf diese Weise die kritische Masse für eine längst überfällige Diskussion. Wie so oft, kommt die Einsicht nicht von oben. Sie beginnt bei uns.

Wenn der Klimawandel tatsächlich durch zusätzliche Wärme angetrieben wird, liegt die Lösung auf der Hand: Wir müssen diese Wärme reduzieren. Dass dem zurzeit noch viele technische und auch wirtschaftliche Hürden entgegenstehen, ist offensichtlich.

Die zusätzliche Wärme lässt sich reduzieren – auf null allerdings nicht. Denn in der nördlichen Erdhalbkugel müssen wir im Winter heizen. Die Natur hat uns kein dickes Fell mitgegeben.

Auch Heizwärme ließe sich verstärkt aus dem inneren Kreislauf der Luft gewinnen – etwa durch mehr Luftwärmepumpen, ergänzt durch Solaranlagen.

Vieles davon wird bereits umgesetzt – jedoch meist unter dem Fokus auf CO_2, statt auf die tatsächliche physikalische Wirkung.

- So interessant Wärmepumpen mit Tiefenbohrungen auch sein mögen - sie holen Wärme von unten nach oben.
- Wasserstoff und Pflanzenöl führen auch Wärme ins Klimasystem ein.
- Es sollte dringend erforscht werden, ob der Flugverkehr wirklich so schlimm ist für die hohen Luftströmungen, wie hier im Buch geschildert wurde. Es wäre angenehm, wenn dem nicht so wäre.

Fliegen wie Fahren sind nicht grundsätzlich das Problem, sondern die dadurch frei werdende Abwärme.

Es geht nicht darum, alles sofort auf null zu drücken. Denn wenn Menschen zwischen einem möglichen künftigen Klimavorteil und ihrem heutigen Komfort wählen müssen, fällt die Entscheidung oft zugunsten der Gegenwart.

Wir sollten vermeiden, verschiedene Themen in einen Topf zu werfen.

Beim Energiebedarf lassen sich vier große Bereiche unterscheiden:

- Heizen, Kühlen, Warmwasser
- Fahren (Pkw, Lkw, Busse, Bahn) und Fliegen
- Energiebedarf Industrie und Gewerbe
- Stromverbrauch Haushalte und Industrie

5.1. Heizen im Sinne des Klimasystems

Die zusätzliche Wärme ist kein Gedankenspiel, sondern eine Tatsache. Die Frage ist nur: Führt diese zusätzliche Wärme tatsächlich zur beobachteten Erwärmung des Klimasystems – und wenn ja, auf welchem Weg?

Angenommen, das wäre so. Dann müsste das Ziel sein, Energie so zu nutzen, dass sie dem Klimasystem entnommen und ihm wieder zugeführt wird.

Einige Methoden bringen nur wenig zusätzliche Wärme ins Klimasystem ein:

- Solarkollektoren und Wintersonne auf Fassaden
- Aus Luftwärme Heizwärme erzeugen (Luftwärmepumpe)
- Besser dämmen (ist aber keine Heizmethode)

Solarkollektoren nutzen Sonnenstrahlung, die ohnehin in Wärme umgewandelt worden wäre – und sind daher klimatisch neutral, Herstellung ausgenommen.

Heizwärme	
Gut	**Schlecht**
Luftwärmepumpe	Öl, Gas, Kohle
Erdwärmepumpe Flachkollektoren	Erdwärmepumpe Tiefensonde
Warmwasserkollektoren	Grundwasserwärmepumpe
Photovoltaikkollektoren	Holz, Pellets, Pflanzenöl, Biogas
	Windkraft

Tabelle 21 - Klimafreundliche Energiequellen für das Heizen

Zu den Tiefen-Wärmepumpen muss ergänzt werden: Sie holen aus 1 kWh Strom etwa 3-4 kWh Wärme, je nach Gerät auch etwas mehr. Das klingt gut und ist es auch. Aber für das Klimasystem interessiert nur die zusätzliche Wärme, nicht deren Gewinnung!

- Eine Tiefensonde holt ihre Energie aus 10–100 m Tiefe – das sind geologisch gespeicherte Energiemengen, die nicht Bestandteil des atmosphärischen Wärmeflusses sind.
- Sie liefert ebenfalls 3–5 kWh Wärme pro 1 kWh Strom – aber diese Wärme kommt nicht wieder zurück in den gleichen Kreislauf.

Wenn wir im Winter ein 22 °C warmes Haus wollen, es draußen aber im Mittel 4 °C kalt ist, dann ist das eine zusätzliche Wärme.

Ob durch Öl, Gas oder sonst etwas, das ist egal. 22 °C sind einfach nur 22 °C.

Auch die Wärme, die eine Wärmepumpe mit Tiefenbohrung freisetzt, kehrt irgendwann wieder zurück in ca. 80 m Tiefe. Doch das wird geschätzte 100 Jahre dauern. Wenn das hinnehmbar wäre, schneiden diese Geräte wieder besser ab.

Eine Luftwärmepumpe kühlt zuerst die Außenluft, nutzt die gewonnene Wärme, erwärmt das Haus, aber sozusagen hinter dem Haus schließt sich der Kreis und die Außenluft hat ihre Wärme wieder. Nicht ganz, aber fast.

Für das Klimasystem dürfte es derzeit keine bessere Heiztechnik geben!

Wenn nun auch noch der Strom solar erzeugt werden könnte ... Das wäre ideal, geht aber derzeit nicht. Dazu müsste die PV-Anlage bei einem Privathaus ca. 500 m^2 groß sein– und das würde nicht reichen für Autarkie. Das kann man alles ausrechnen.

Hier hilft die Unterscheidung nach Fakten und Bewertung.

Fakten

- Jede Energie, die aus der Tiefe der Erde geholt wird (tiefer als ca. 10 m), bringt zusätzliche Wärme ins Klimasystem – das ist physikalisch unstrittig.
- Auch die Verbrennung (egal welcher Stoffe) löst chemische Bindungen auf und setzt Wärme frei, die ohne diese Prozesse nicht entstanden wäre.
- Wenn Windkraft Strom für Bewegung erzeugt, bleibt es Bewegung. Wird der Strom zum Heizen verwendet, wird Bewegungsenergie zu Wärme.

Bewertung

- Ob diese zusätzliche Wärme das Klimasystem messbar beeinflusst, ist offen – global wohl kaum, regional durchaus erheblich.
- Wahrscheinlich handelt es sich nicht um eine globale Erwärmung, sondern um eine punktuelle Wärmezufuhr über etwa 0,6 % der Erdoberfläche – den dicht besiedelten Industriegebieten.
- Diese Konzentration der Energiezufuhr auf kleinen Flächen könnte entscheidend sein.
- **»Primärenergiebedarf«** sollten wir in seiner jetzigen Form aus unserem Wortschatz streichen. Die Zuordnung ist in weiten Teilen falsch.

Diese Überlegung stellt eine alternative Erklärung dar - nicht mehr, aber auch nicht weniger. Vielleicht ist die zusätzliche Wärme trotz allem zu gering, um den beobachteten Klimatrend zu erklären.

Am CO_2-basierten Treibhauseffekt liegt es mit hoher Wahrscheinlichkeit ebenfalls nicht. Vielleicht ist es - wie manche vermuten - ein natürlicher Klimazyklus. Um das besser beurteilen zu können, braucht es physikalisch saubere Rechnungen - keine Meinung.

Persönliche Überzeugungen bringen Orientierung im Leben. Doch wenn es um Wärme geht, zählen nur Energieflüsse - nicht Meinungen.

Es wäre schon viel gewonnen, wenn sich das Prinzip durchsetzen würde: Jede Energie, die von außerhalb des Klimasystems stammt, erwärmt dieses. Das ist unstrittig. Entscheidend ist wie gesagt die zusätzliche absolute Wärmemenge.

Heizen, Kühlen von Gebäuden, Warmwasser	**35 %**
Verkehr ohne Flugverkehr	26 %
Nur Flugverkehr	4 %
Industrie und Gewerbe	20 %
Strom Haushalte und Gewerbe	15 %

Tabelle 22- Energieanteile Deutschland - grobe Schätzung

Das Ziel muss lauten:

Vermeidung zusätzlicher Wärme, wo es nur geht - hin zu einer effizienten Umverteilung, Speicherung und Nutzung bereits vorhandener Energie im Klimasystem.

Damit würde der Wärmehaushalt stabilisiert, ohne dass neue Einträge notwendig wären. Dieses Prinzip könnte zum zentralen Leitsatz einer zukunftsfähigen Heiztechnik werden.

5.2. Mobilität - wo soll der Strom herkommen?

Diese Frage wird oft gestellt – meist mit dem Unterton, dass es ohnehin nicht reicht. Dabei gäbe es zumindest mittelfristig Möglichkeiten, vorhandene Energie intelligenter zu nutzen.

Wie schon geschrieben: Aus 10 Liter Benzin werden nur 40 % Bewegung, dafür 60 % sinnlose Abwärme. E würden 4 L reichen. Nur geht das technisch nicht. Elektromotoren erzeugen kaum Wärme, sie kommen umgerechnet mit nur 4 Litern aus.

Der Benzinverbrauch in Deutschland liegt bei ca. 15 Milliarden Litern pro Jahr. Würde man diese Menge nicht in Millionen Fahrzeugen, sondern zentral verbrennen – z. B. in Kraftwerken –, könnte man die entstehende Abwärme als Fernwärme nutzen und gleichzeitig Strom erzeugen.

Natürlich muss dabei auch den Stromverlust durch Überlandleitungen berücksichtigen. Aber dann muss man auch berücksichtigen, dass gefördertes Mineralöl aufwendig raffiniert werden muss, was auch Energie kostet.

Ein großer Teil der Wärme, die heute ungenutzt aus Auspuffrohren entweicht, könnte damit Wohnungen beheizen – grob gerechnet bis zu **7 Millionen Haushalte**. Parallel dazu könnten noch Elektrofahrzeuge aufgeladen werden.

Das Potenzial liegt nicht nur in neuen Technologien – sondern auch in der Art, wie wir Energie verteilen und nutzen.

Ein intelligentes Zusammenspiel aus dezentraler Stromerzeugung, effizienter Nutzung und smarter Steuerung könnte große Mengen bisher vergeudeter Energie nutzbar machen – ohne dass zusätzliche Kraftwerke notwendig wären. Die eigentliche Herausforderung liegt also nicht im Mangel an Strom, sondern im Umbau der Verteil- und Verbrauchslogik.

Daran wird auch gearbeitet. Nur eben nicht mit der Bedeutung, die dieser Ansatz für das Klima hat.

Noch scheint es Alternativen zu geben wie Wasserstoff, Pflanzenöle und so weiter. Das aber verschwendet Geld und Ressourcen.

5.3. Rolle des Staates

Sollte sich die Treibhausthese tatsächlich als unhaltbar erweisen, dann wäre eine der wichtigsten Lehren, dass der Staat den Ball flach hält und sich wieder auf seine eigentlichen Aufgaben besinnt: Rahmenbedingungen schaffen – nicht Lebensweisen vorschreiben.

Ein übergriffiger Staat, der sich bis in die Wohnräume und Fahrzeuge seiner Bürger einmischt, ist nicht nur bevormundend, sondern untergräbt das Vertrauen in die Demokratie. Diese Erziehungsmaßnahmen sind für viele Bürger längst unerträglich. Freiheit und Verantwortung schließen sich nicht aus – sie bedingen einander. Ein Staat, der auf Mündigkeit und Sachlichkeit setzt, gewinnt langfristig mehr als einer, der in Aktionismus und Kontrolle verfällt. Menschen haben meist ein gutes Gespür, was bei Energie sinnvoll funktioniert – und setzen es auch um, wenn es frei und nachvollziehbar ist. Regierungen sollten Rahmen für Vielfalt und Gerechtigkeit setzen – und den Rest den Menschen überlassen.

- Wer kein Elektroauto fahren will, sollte nicht dazu genötigt werden.
- Wer eine bestimmte Heiztechnik bevorzugt, soll sie einbauen.

Wenn sich eine Technik bewährt, setzt sie sich von selbst durch. Vorschriften sind selten klüger als Erfahrung.

Die Politik sollte ihre Klima-Hausaufgaben machen. Dazu gehört zuerst auch und vor allem: **Diese Treibhausthese gehört endlich einer ergebnisoffenen wissenschaftlichen Prüfung unterzogen** – ohne Denkverbote, ohne Ideologie. So, wie Wissenschaft in ihrem Wesen sein sollte.

Solange das nicht stattfindet, kann man die Klimapolitik wirklich nicht mehr ernst nehmen. Das gilt aber auch für Parteien, die der Meinung sind, wir haben entweder gar keinen Klimawandel oder wenn doch, ist das wieder nur die Natur. Sie sollten das auch belegen können. Nur eine Gegenposition einzunehmen, sagt noch nichts über deren Richtigkeit.

Nur wenn beide Seiten den physikalischen Maßstab als gemeinsame Basis akzeptieren, kann ein produktiver Diskurs entstehen. Solange Klimapolitik und Klimakritik vorwiegend auf Weltanschauung gründen, bleibt das Ziel auf der Strecke: eine wirksame und tragfähige Lösung für ein reales Problem.

5.4. Monokultur im Denken

Über Konformität, Kritikvermeidung und modellierte Weltbilder.

In der Geschichte gab es immer Zeiten, in denen dominante Meinungen kaum Raum für Alternativen ließen. Besonders die Kirchen traten autoritär auf: Sie schrieben vor, was zu denken war, und bestraften Abweichungen.

Solche Dogmen gelten heute als überwunden – zumindest in der westlichen Welt. Doch beim Thema Klimawandel scheint diese Einseitigkeit neu belebt zu werden. Vieles erinnert an Zeiten, von denen wir glaubten, sie lägen hinter uns. Es entsteht erneut ein geistiges Umfeld, in dem

- immer wieder dieselben Quellen zitiert werden,
- abweichende Meinungen ausgeschlossen oder abgewertet werden,
- kritisches Hinterfragen durch Gruppenkonformität ersetzt wird.

Solche Dogmatiken sind eher die Regel als die Ausnahme. Einige historische Beispiele:

Ignaz Semmelweis (1847) *erkannte die Ursache des Kindbettfiebers in mangelnder Hygiene und fehlender Händedesinfektion – und wurde dafür vom Establishment der Medizin offen verlacht und verjagt, weil es nicht in dessen Denkstruktur passte. Er starb im Irrenhaus (so hieß das damals noch).*

Alfred Wegener (1912) *war überzeugt, dass sich Kontinente bewegen und verschieben. Dafür wurde er jahrzehntelang lächerlich gemacht. Seine Plattentektonik ist längst allgemein akzeptiert.*

Ludwig Boltzmann (1900) *war sich sicher bei der Existenz von Atomen, während viele Physiker sie für mathematische Fiktion hielten. Er nahm sich 1906 das Leben. Heute gilt er als Vorreiter der Quantenphysik. Max Planck hat ihm zu Ehren seine Formel nach ihm und seinem Kollegen Josef Stefan benannt.*

Galileo Galilei (1633) *legte sich mit der Kirche an. Die Vorstellung, dass sich die Erde um die Sonne dreht, war inakzeptabel – denn Gott herrscht auf Erden, also muss die Erde das Zentrum sein. Und ein Zentrum dreht sich nicht um irgendetwas. Er musste in einem demütigenden Ritual öffentlich abschwören, durfte aber immerhin weiterleben.*

Corona-Pandemie (2020) – *Unter Bezug auf soziale Kontrolle offenbarte sich mancher Charakter deutlicher als zuvor.*

All diese Fälle zeigen: Was zunächst verlacht und bekämpft wurde, war im Nachhinein richtig. Es war auch vorher schon überprüfbar.

Wir halten uns für aufgeklärt. Doch heute stecken wir in einer anderen Vorstellung fest: Die Erde ist keine Scheibe mehr – aber sie steckt nun angeblich in einer Glaskugel aus CO_2, die den Boden aufheizt. Dass diese Kugel kälter wäre als der Boden – und ihn gemäß dem 2. Hauptsatz eigentlich kühlen müsste – wird ignoriert. Zu logisch.

Das wirkt unheimlich – und zugleich typisch menschlich. Aberglaube beginnt dort, wo Wissen endet. Wer wenig weiß, beginnt früher damit. Oder wenn die Demut fehlt, nicht alles zu wissen. Dann wird vorhandenes Wissen überschätzt – und andere Perspektiven werden reflexartig abgelehnt.

Solche Denkblockaden erkennt man oft erst, wenn sie vorbei sind. Dann will es niemand gewesen sein. Dass schon der nächste Irrtum im Anrollen ist, merkt kaum jemand.

Ein zuverlässiges Anzeichen ist der Umgang mit Widerspruch: Aggression, Abwertung, Pathologisierung. Das ist keine Ausnahme – sondern fast Regel. Und sie sind gefährlich. Solche kollektiven Fixierungen wirken wie geistige Infektionen.

Dabei entstehen sie selten aus bösem Willen, sondern greifen sie auf bewährte Mechanismen zurück: Gruppendynamik, Autoritätsglauben, moralische Überhöhung.

Wichtig: Dieses Buch unterstellt niemandem böse Absicht. Die Treibhausthese entstand schlicht aus einem Rechenproblem: In der ursprünglichen Energiebilanz fehlten 86 % – das CO_2 schloss diese Lücke. Warum man damals nicht neu angesetzt hat, bleibt unklar.

Die »Künstliche Intelligenz« als Verstärker

Die Arbeit mit KI beim Schreiben dieses Buches war aufschlussreich. Anfangs war das Urteil der KI eindeutig negativ. Dann wurde Kapitel für Kapitel diskutiert – am Ende lobte sie den physikalischen Ansatz. Das waren gute Sparringsrunden. Doch am nächsten Tag war alles vergessen – und das Spiel begann von vorn.

KI denkt nicht. Sie gewichtet Wahrscheinlichkeiten. Und ein Ansatz wie dieser ist für sie statistisch unwahrscheinlich. Also ist sie zuerst einmal dagegen.

Problematisch wird es, weil sie ihre Antworten mit großer sprachlicher Autorität formuliert – ohne inhaltliche Prüfung.

Zitate sind oft ungenau, Nachfragen werden mit Floskeln beantwortet. Wer das nicht erkennt, hält Wiederholung für Wahrheit.

KI verstärkt den Mainstream. Der Kampf gegen Windmühlen hat sich zum Kampf gegen Filterblasen gewandelt. Das Gute: Wer kritisch bleibt, kann mit KI produktiv streiten. Wer ihr blind glaubt, wird irregeführt. Wie bei jedem Werkzeug.

Über Irrtümer

Einen Irrtum hält man nicht auf, indem man ihn einfach gewähren lässt. Gegen wissenschaftlichen Irrtum hilft nur eine Überprüfung nach physikalischen Maßstäben. Eigentlich kann es keine sachlichen Einwände gegen eine solche Überprüfung geben. Das wäre auch bei Semmelweis und Galilei gegangen.

Ginge eine sachliche Überprüfung positiv für die Treibhausthese aus, säße sie fester im Sattel denn je. Fiele sie negativ aus, wäre das ein klarer Grund für einen Kurswechsel in der Klimapolitik. Was also spricht gegen eine Prüfung?

Die Medien sind voll mit CO_2. Es taucht überall auf. Das ständige Wiederholen dieser These hat aus ihr eine gefühlte Wahrheit werden lassen. Hört man nichts anderes, scheint es auch nichts anderes mehr zu geben.

Selbst Kritiker der Treibhausthese schenken dem CO_2 ungewollt zu viel Bedeutung. Auch dieses Buch tut das – zwangsläufig. Denn energetisch ist es egal, ob man für oder gegen etwas ist. Entscheidend ist, wie viel Energie, Aufmerksamkeit und Relevanz man ihm widmet. Geschieht das sachlich oder mit Schaum vor dem Mund?

Die Beispiele mit Semmelweis, Wegener, Galileo – und vielleicht auch Corona – zeigen, wie emotional das werden kann. Da zeigen sich Menschen von einer Seite, die man besser nie kennengelernt hätte. Viele hassen es regelrecht, Dinge zu hinterfragen. Ihnen geht es gar nicht um richtig oder falsch. Sie wollen etwas, dem man folgen kann.

Auch kollektive Irrtümer stiften Identität. Die FFP-2-Maske war ein Symbol, man hätte sich auch eine Feder ins Haar stecken können. Durch das Atmen entsteht wechselweise Über- und Unterdruck auf dem Maskenstoff.

Das hätte sich objektiv untersuchen lassen, aber Symbole werden nicht untersucht. Sie sollen den Zusammenhalt stärken – nicht Erkenntnis erzeugen.

Reine Sachlichkeit wird insgesamt überschätzt. Sie passt nicht wirklich zum Menschen, der nach Sinn und Zusammenhalt sucht. Wissenschaft wird zwar gerne als höchste Form der Wahrheit gepriesen. Doch sie ist nicht unfehlbar, wie man sieht. Sie sieht nur das, was man sehen und messen kann. Wissenschaft ist nicht alles. Aber ohne sie ist das wenige, das wir wirklich wissen, bedeutungslos.

Die gute Nachricht: Irrtümer überleben selten dauerhaft. Sie werden ersetzt durch tragfähigere Modelle. Auch die Treibhausthese wird fallen. Die Frage ist nur: Wann? Und wie steht es dann ums Klima?

Die physikalischen Gesetze, die vor über 100 Jahren formuliert wurden, haben überlebt. Nicht weil sie geglaubt wurden – sondern weil sie jeder Prüfung standhielten. Und weil sie keine Absicht verfolgten. Sie funktionieren, weil sie unabhängig von Meinungen sind.

Kritik hat nicht automatisch recht

Ein weitverbreiteter Denkfehler von Kritikern ist: Indem sie etwas kritisieren, haben sie automatisch recht. Wenn das bezweifelt wird, reagieren sie genauso angefressen die diejenigen, die sie kritisiert haben. Weil sie zwei Seiten derselben Münze sind. Auch Kritik muss Kritik aushalten! Das gilt selbstverständlich auch für dieses Buch.

Ein bewährtes Hilfsmittel ist, sachlich zu bleiben. Es geht nicht um Personen, Beleidigungen oder böse Absichten. Es geht nur um die Sache und wie sie dargestellt wird. Das war der Leitgedanke dieses Buches. Natürlich war der Schreibprozess begleitet von Zweifeln – nicht nur inhaltlich, auch sprachlich: Ist der Ton zu scharf? Vielleicht. Aber das Buch kritisiert nicht die Treibhausthese an sich, sondern ihren Bezug zur Physik.

Oder tut man dem Massendenken unrecht?

Wenn einem klar wird, dass die geäußerte Meinung gar nicht die eigene ist, sondern nur geschickt unter die Leute gebracht wurde, kann das den Stolz kränken. Das eigene Ich tritt zurück und wenn Diskussionen heftig geführt werden, sind das oft Stellvertreterkonflikte. Dann kommt einem der schlimme Gedanke, ob es die »künstliche Intelligenz« vielleicht schon länger gibt. Ohne Internetanschluss– sondern direkt in den Köpfen.

Für die eigene Urteilskraft wäre das ein schwerer Dämpfer – außer, es stört einen gar nicht.

Viele fürchten die KI, weil sie manipulieren könnte. Aber das ist zu passiv gedacht, denn die KI kann nicht manipulieren - Menschen lassen sich selbst manipulieren. Das ist ein aktiver Vorgang. Man lässt etwas zu. Vielleicht, weil man es nicht gewohnt ist und selten trainiert hat, kritisch zu denken. Dann wirkt so manches Leben, als wäre es auswendig gelernt. Das Gehirn ist auch ein Muskel und ein Schutz gegen zu viel Einflussnahmen.

Andererseits sind Menschen auch Gruppenwesen, wir brauchen das Soziale wie Essen und Trinken. Wird jedes Thema bis zur Erschöpfung diskutiert, leidet der Gemeinsinn. Viele nehmen lieber etwas Falsches hin, als ständige Zweifel zu ertragen.

Glaube, Konformität, Vertrauen in Autoritäten sind nicht per se falsch – sie sind Grundpfeiler jeder funktionierenden Gesellschaft. Ohne Standards gäbe es kein Rechtssystem, keine Sprache, keine Wissenschaft. Auch Kritik setzt voraus, dass man gewisse Prinzipien akzeptiert.

Das Problem entsteht dort, wo Normen verabsolutiert werden. Wo Kritik nicht mehr erlaubt ist. Wo Abweichung nicht argumentativ, sondern prinzipiell bestraft wird. Dann wird aus Stabilität: Starre. Dabei war die ursprüngliche Funktion solcher Normen nicht Kontrolle, sondern Konsenssicherung – damit die Gesellschaft nicht im Streit und Unrecht versinkt.

Was folgt daraus?

Der Klimawandel macht vielen Menschen Angst. Viele suchen Schutz – auch im Glauben an einfache Modelle. Es ist kein Vorwurf, wenn Menschen an den Treibhauseffekt glauben. Es fehlte an plausiblen Alternativen. Viele kritische Bücher oder Vorträge wirken belehrend oder besserwisserisch. Das schreckt ab. Zwischen emotionaler Wahrheit und physikalischer Wahrheit verläuft eine unsichtbare Linie. Die eine gibt Halt. Die andere gibt Maß. Nur wenn wir beides unterscheiden, bleibt die Gesellschaft stabil – und die Wissenschaft auf Kurs.

Ein netter Witz, geschickt von einem Leser: »*Klein-Fritzchen soll im Biologieunterricht sagen, was er auf dem Bild mit einem Eichhörnchen sieht. Seine Antwort: Normalerweise würde ich sagen, es ist ein Eichhörnchen, aber wie ich den Laden hier kenne, ist es das liebe Jesulein.*« (CO_2)

5.5. Die soziale Komponente

Wir erleben gerade auch einen zweiten Klimawandel – einen sozialen. Die Temperatur im gesellschaftlichen Miteinander scheint ebenfalls zu steigen: Überreizung, Wut, Frustration. Gepaart mit Halbwissen und festen Meinungen, entstand so ein explosives Gemisch.

Thematisch haben diese beiden Krisen wenig gemeinsam. Aber wie wir mit ihnen umgehen, ist auffallend ähnlich. Nehmen wir ein sehr heikles Thema: Migration: Sie spaltet die Gesellschaft – dabei ist das Grundprinzip physikalisch einfach:

Es gibt ein starkes Energie- bzw. Wohlstandsgefälle.

Das Warme strömt zum Kalten, das Arme zum Reichen. Jedes Energiegefälle strebt nach Ausgleich. Warme Luft will sich mit der kalten mischen. Wie bereits im Buch geschildert, strömt die heiße Tropenluft zum Nord- und Südpol. Statistisch kühlt sie dabei pro 100 Kilometer um etwa 1,2 °C an. Das erfolgt nicht starr. Manchmal hält sich die Wärme etwas länger auf, aber man wird keine Region finden, wo es auf 300 km einen Temperatursprung von 20 °C gibt. Die Natur schafft es, einen sanften Ausgleich herzustellen und Energie lebendig zirkulieren zu lassen. Kleine Wirbel sorgen für Abwechslung – aber es gibt eben keinen derartigen Temperatursprung, wie wir ihn beim Wohlstand haben.

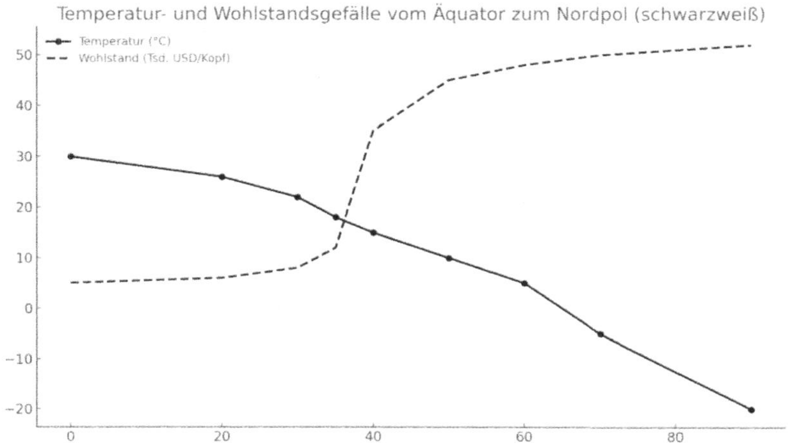

Abbildung 29-Wohlstand (gestrichelt) und Klima

Land	Breitengrad	US $ pro Jahr
Marokko	32° N	4.000
Ägypten	26 °N	4.300
Griechenland	38° N	21.000
Italien/Sizilien	37° N	22.000
Deutschland	50° N	48.000
Schweden	60° N	60.000

Tabelle 23-Jahreseinkommen - geschätzt

Die Botschaft ist offensichtlich: Das kann auf Dauer nicht stabil bleiben, wenn 1.000 Kilometer entfernt das 5-Fache zu verdienen ist – und weiter nördlich noch einmal das Doppelte.

Zäune sind kurzfristige Reaktionen. Langfristig braucht es strukturelle Maßnahmen, um den Druck zu regulieren. Die Physik zeigt: Dauerhafte Gefälle erzeugen Spannungen – und die entladen sich irgendwann. Oft plötzlich, obwohl sich die Sollbruchstellen schon lange abzeichneten.

Energie fragt nicht nach Moral – sie folgt dem Gefälle. Vielleicht sollten auch wir beim Analysieren so neutral vorgehen wie die Physik. Denn auch beim Wetter gilt: Große Unterschiede erzeugen starke Bewegungen. Wer sie vermeiden will, muss die Unterschiede verringern. Langsam – aber entschlossen.

Wir könnten längst weiter sein – wie beim Klimawandel haben wir Jahrzehnte verloren.

Die Physik wäre hier wie dort ein neutraler Ratgeber, die sich nicht aufdrängt. Sie kann uns nicht sagen, wie wir handeln sollen – aber sie hilft zu erkennen, wann ein Ungleichgewicht zu groß wird, um ignoriert zu werden.

Die Physik lehrt aber noch etwas:

Zu viel Gleichheit stoppt Energieflüsse.

Energie ist ein Ausdruck von Unterschieden. Wärme entsteht nicht durch Gleichheit, sondern durch Differenz. Angenommen, jeder Mensch auf Erden erhält ein gutes Grundeinkommen. Wäre das physikalisch stabil? Wäre das ein Gleichgewicht – oder Stillstand? Was, wenn es am Nordpol so warm wäre wie am Äquator? Die Frage überrascht, eine spontane Antwort fällt schwer.

Das Faszinierende an der Natur: Sie strebt in jeder Sekunde nach Ausgleich. Das Warme will zum Kalten, das Feuchte zum Trockenen. Nur gelingt das nie oder nur sehr kurz. Die Natur will etwas, was sie nicht erreicht, und würde sie es erreichen, wäre es ihr Ende.

Beispiel 1: Temperaturunterschiede zwischen Äquator und Pol

- Die Sonne bestrahlt den Äquator stärker als die Pole.
- Temperaturdifferenzen treiben Luft- und Meeresströmungen an.
- Ohne sie würde die Erde klimatisch erstarren.
- Das Leben, wie wir es kennen, wäre bedroht.

Beispiel 2: Beispiel

- Ein Fluss fließt, weil es ein Höhengefälle gibt.
- Damit erzeugt er Bewegung, Energie, Frischwasser.
- Ansonsten nur stehendes Wasser.

Beispiel 3: Biologie – Zellatmung

- In jeder Körperzelle gibt es winzige Ladungsunterschiede.
- Sie treiben die Produktion von ATP an, dem »Energiegeld« der Zelle.
- Ohne Konzentrationsunterschiede keine Energiegewinnung. Kein Leben.

Beispiel 4: Elektrotechnik – Spannung = Unterschied

- Strom fließt nur bei Spannungsunterschieden.
- Ein ausgeglichener Zustand = Energieverbrauchsstopp = Tod des Systems.

Das ist der Status quo unserer Naturgesetze. Selbst wenn wir wollten: Das können wir nicht ändern. Die Idee eines weltweiten Grundeinkommens ist gut gemeint. Doch aus physikalischer Sicht stellt sich eine andere Frage: Wie groß darf ein Unterschied sein, damit er lebendig bleibt – aber nicht gefährlich wird? Denn auch das zeigt die Physik:

- Zu große Unterschiede führen zu Spannungen und Entladungen.
- Zu kleine Unterschiede führen zu Stillstand.

Nun ist die Natur selbst nicht immer gleichmäßig. Manche Unwetter lassen uns fürchten und Menschen sterben darin. Nach einem Unwetter sprechen wir oft von einem reinigenden Gewitter. Vielleicht ist das eine stille Botschaft der Natur: Solche Entladungen gehören zum Gleichgewichtssystem.

Ein Gespür für natürliche Abläufe kann helfen, gesellschaftliche Spannungen nicht nur zu erkennen – sondern besser einzuordnen. Und sie rechtzeitig zu entschärfen.

5.6. Physik als politisches Vorbild

Gute Politik bewegt sich genau in diesem Spannungsfeld: Energie und Chancen gerecht zu verteilen, ohne Vielfalt zu nivellieren. Schon heute ähneln sich viele Innenstädte – und auch viele Debatten. Es ist nicht die Aufgabe der Politik, alles gleich zu machen – sondern dafür zu sorgen, dass aus Unterschieden kein Unrecht wird. Tiere kümmern sich um ihr Revier – und Politik um ihr Land. Zumindest sollte das so sein.

In der Natur gibt es kanalisierte Energie wie die direkte Sonneneinstrahlung oder Flüsse. So kommt viel Energie gezielt von A nach B. Doch auch die Räume dazwischen sind in der Natur größtenteils energetisch belebt. Ohne diffuse Licht- und Wärmestrahlung wäre es im Schatten stockdunkel und eisig kalt. Das Diffuse reduziert zwar die direkte Energieübertragung - gerade deshalb entstehen lebenswerte Bedingungen.

Die Luft transportiert kleine Wärmemengen in alle Winkel. Auch dorthin, wo Strahlung nicht hinkommt. Das lässt sich mit politischen Strukturen vergleichen. Diktaturen setzen auf kanalisierte Energie. Rechts und links ist Brache.

Eine lebendige Demokratie lässt Vielfalt zu. So findet jeder seine Nische zur Entfaltung. Es ist eine substanzielle Gefahr, wenn demokratische Regierungen sich mehr als unbedingt nötig einmischen. Zur Vielfalt gehört, so manches zu erleben, was einem nicht zusagt - solange es keine Rechte Dritter verletzt.

Um eine echte Demokratie von innen heraus wertzuschätzen, muss man die natürliche Vielfalt mögen. Nicht alles, was nervt, muss weg.

Die Natur und ihr stiller Begleiter, die Physik. Sie könnten gute Ratgeber sein, weil sie nicht moralisieren, sondern neutral ist. Warum bauen wohlhabende Staaten in armen Ländern keine Berufsschulen? Die Schulen werden geschützt, finanziert und wer die Ausbildung abschließt, kann auf einen gut bezahlten Beruf hoffen. So lange, bis es diese gut bezahlten Jobs auch in der Heimat gibt. Das wäre preiswerter und sozialer.

Kann man dauerhaft gute Politik machen, ohne die Naturgesetze zu kennen? Ohne physikalisches Denken? Ohne das Wissen, **wann ein System stabil bleibt – und wann es kippt?**

DIE ZAHL, DIE ALLES KIPPT

Verfechter der Treibhausthese reagieren auf Kritik mit Modellannahmen und Details wie Absorptionslinien. Doch der zentrale Schwachpunkt liegt woanders – und lässt sich an einer einzigen Zahl festmachen: **398 W/m²**. Diese Zahl steht für die Wärmeabstrahlung des Erdbodens bei rund 16 °C und wurde korrekt berechnet nach der Stefan-Boltzmann-Gleichung. Das Problem ist nicht die Formel. Es ist die Interpretation.

Werfen wir noch einmal einen Blick auf die bekannte Strahlungsbilanz (IPCC, AR6, Kapitel 7, Abb. 7.2):

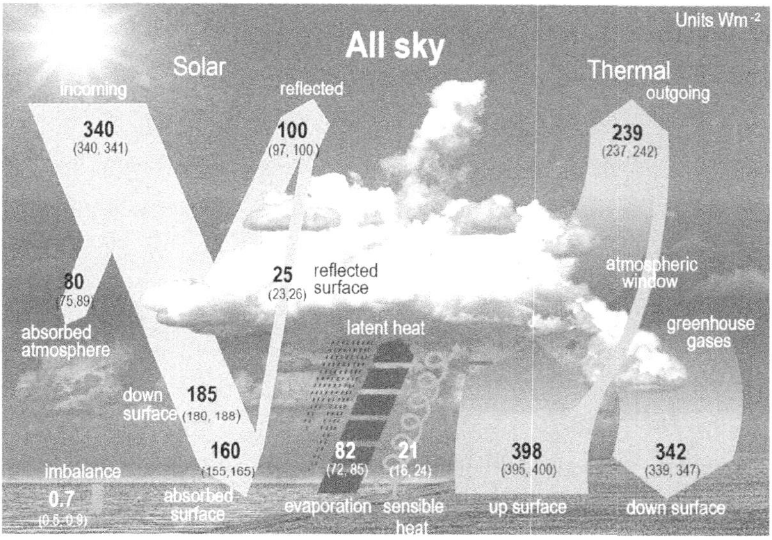

Noch einmal **Abbildung 1**

Diese Grafik versucht, ein Strahlungsgleichgewicht darzustellen. Die Zahlen in der unteren Reihe gehen aber nur auf, wenn man 342 einfügt, also 86 % der Bilanzsumme.

Die Zahlen gingen aber auch auf, wenn man anstelle der 398 nur 57 einsetzt – und das wäre auch richtig.

Es sei denn, man findet 83.000 € Heizkosten für ein 200-m²-Haus als richtig oder dass ein Mensch täglich 20.000 kcal essen müsse, um seinen Wärmeverlust auszugleichen.

Brutto ist nicht Netto

398 W/m^2 ist die Bruttoabstrahlung des Bodens. Aber die Frage ist eine ganz andere: Wie viel Energie verliert der Boden tatsächlich, also netto?

Wie viel Wärme der Boden jeden Tag verliert, wissen wir: Es ist der Wert der nächtlichen Abkühlung mit etwa 10 °C. Das muss die Sonne am nächsten Tag nachliefern. Nicht jeden Tag genau, aber über einen längeren Zeitraum.

Die Grafik zeigt es: Die Sonne strahlt 160 W/m^2 auf den Boden. Nach Abzug Verdunstung und Lufterwärmung bleiben 57 W/m^2 zum Erwärmen. Das deckt sich sehr gut mit der nächtlichen Abkühlung.

Im Alltag und in der Technik betrachten wir stets den Netto-Wärmeverlust. Das lässt sich anschaulich zeigen:

Beispiel 1: Haus mit 200 m^2 Fußbodenheizung

- Fußboden-Temperatur: 22 °C → 430 W/m^2 laut Formel.
- Jährlich wären das 753.000 kWh – Heizkosten: 83.000 €.
- In Wahrheit liegt der Energieverbrauch bei 2.000 € – 18 W/m^2 netto.

Beispiel 2: Menschlicher Körper

- Hautfläche: 1,8 m^2, Temperatur: 35 °C → 510 W/m^2.
- Das ergibt rechnerisch 22.000 W = 20.000 kcal täglich.
- Tatsächlich benötigen wir etwa 1.000 kcal zur Wärmeerhaltung – also ~20 W/m^2 netto.

Beide Beispiele zeigen: Die Bruttostrahlung ist real – aber sie ist nicht gleichbedeutend mit dem Energieverlust. Brutto würde bedeuten: Nach einer Weile wären Boden und unser Körper -273 °C kalt.

Die Rolle der Umgebung

Warum verliert der Körper nicht 510 W/m^2? Weil die Umgebung (Luft, Kleidung, Wände) ebenfalls strahlt oder wärmt. Der Nettofluss entsteht aus dem Unterschied. Das gilt für Menschen, Häuser – und für Planeten.

Die Erde liegt nicht im Vakuum, sondern in einer Atmosphäre mit 10.000 kg Luftmasse pro Quadratmeter. Diese Luft erwärmt sich tagsüber am Boden und gibt nachts wieder Wärme zurück – unabhängig von CO_2.

Die Erde war von Beginn an prall gefüllt mit Wärme. Davon gibt sie netto jede Nacht nur einen kleinen Teil ab – und die Sonne gleicht das wieder aus.

Setzt man 57 anstatt 398 in die Bilanz, geht sie auf

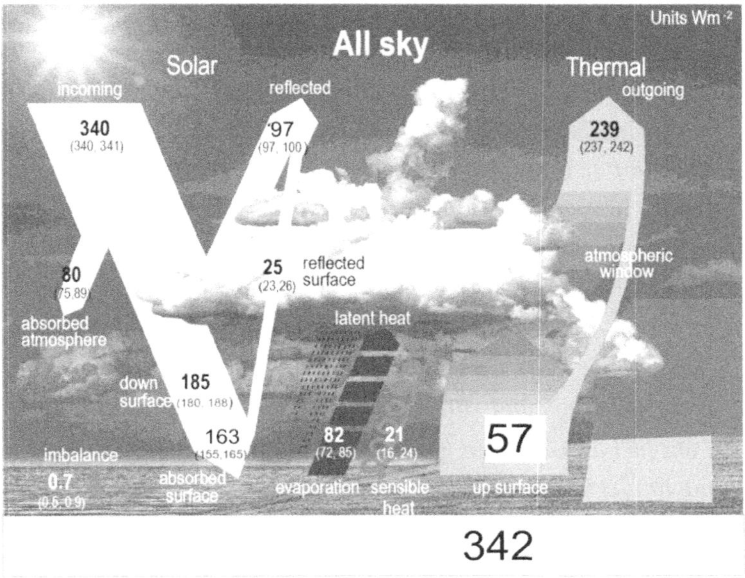

Noch einmal **Abbildung 2**

Es kommt immer wieder einmal vor, dass man sich in der Theorie verirrt. Gerade in der Physik kann das schnell passieren. Der beste Weg zurück ans Licht ist der Alltag. Hier 83.000 € Heizkosten oder 20.000 kcal. Dann wird klar, dass am Modell etwas nicht stimmen kann.

Fatal wird es erst, wenn man den Fehler nicht einsehen will. Dann wird aus einer Modellannahme ein Dogma, das mit Physik nichts mehr zu tun hat. Dann steht man am anderen Ufer der Wissenschaft. Dogmatiker erkennt man an ihrer Uneinsichtigkeit und Aggressivität.

Den Wert 342 gibt es. Es ist der Anfangsbestand an gespeicherter Wärme seit Urzeiten.

Mit 57 anstatt 398 W/m^2 sind die 342 W/m^2 überflüssig. Gäbe es sie, wäre es auf der Erde im Jahresmittel etwa 63 °C heiß – am 45. Breitengrad.

So einfach und eindeutig ist die Widerlegung des Treibhauseffekts.

SCHLUSSWORT

Wenn bei aller Sachlichkeit an manchen Textstellen eine gewisse Verärgerung durchklang, war das unvermeidlich. Sie richtet sich nicht gegen jene, die an das Treibhausmodell glauben – sondern gegen dessen Verfasser. Verärgert über ein scheinbar unangreifbares Modell, das sich mangels Prüffähigkeit jeder Falsifikation entzieht und trotzdem den Anspruch auf Wissenschaftlichkeit aufrechterhält. Wer das anders sieht, ist eben ein Leugner. Wenn man sieht, wie damit Politik gemacht wird, kann das wütend machen.

Meine Empathie gilt den Menschen, die vertrauen wollen - und müssen. Die zur Kasse gebeten werden wegen CO_2 und das alles mittragen im Vertrauen darauf, dass sich der Klimawandel damit aufhalten lässt.

Als 1988 ein kleines Gremium von 198 UN-Staaten damit beauftragt wurde, den Klimawandel zu untersuchen, war die Verantwortung – und vermutlich auch der Stolz - gewaltig. Vielleicht zu groß. Bereits ein Jahr nach Gründung des IPCC veröffentlichte er seinen 1. Bericht und verkündete: Es liege am CO_2.

Also haben die Menschen das geglaubt. Was hätten sie auch sonst tun sollen? Neben Beruf, Familie und Alltag noch 4.000 Seiten Klimabericht lesen?

Es ist unmöglich, dass Treibhausgase doppelt so viel Wärme vom Himmel strahlen wie die Sonne. Die Ausrede, diese 342 W/m^2 seien »bilanztechnisch« zu verstehen, ist nicht haltbar– denn jede Zahl in einer Bilanz hat denselben Stellenwert. Sonst hat sie dort nichts verloren.

Diese enorme Gegenstrahlung wurde nur deshalb als Zahl eingefügt, weil die Bilanz sonst nicht aufging. Ich fand den Fehler lange Zeit auch nicht, sondern entdeckte den Denkfehler zufällig bei der Berechnung einer Fußbodenheizung. Eine mit den 398 W/m^2 vergleichbare Abstrahlung des Bodens bedeutet für ein normales Haus Heizkosten von über 80.000 € im Jahr. Das kann nicht stimmen – weder beim Haus, noch beim Planeten.

Wir haben es hier mit einem kuriosen Fall zu tun: Ein vergleichsweise kleiner Rechenfehler führte zu einer weltweiten Klimapolitik. Ähnlich wie das Komma, das einst in einem Haushaltsbuch bei der Angabe des Eisengehalts im Spinat verrutschte – und Generationen von Kindern zwang, etwas zu essen, was sie nicht mochten.

Weil die 342 W/m² Gegenstrahlung einfach eingefügt wurden – obwohl es sie real nicht gibt – entwickelten sich Modelle, die etwas belegen sollten, was es nicht gibt. Ergebnisse aus Spektralanalysen im Labor für Gewebeproben (mehr hatte man nicht) wurden einfach auf die Erdatmosphäre hochgerechnet. So verstrickte sich die Treibhausthese in immer mehr Widersprüche, was aber kaum auffiel, weil sich zu wenige damit beschäftigen. Modellannahmen sind wichtig und zulässig – aber nicht für etwas, das es gar nicht gibt. Und den Anfangsbestand in einer Bilanz zu vergessen (noch dazu beim enormen Wärme-Anfangsbestand der Erde), ist auch kein Ruhmesblatt. Für Spinat 2.0 geben wir inzwischen Unsummen an Geld aus – und doch bringt es wenig.

Die Sonne muss nur das nachliefern, was nachts ins Weltall abstrahlt und das sind 57 und nicht 398 W/m². Bei 398 W/m² wäre die Erdoberfläche jeden Morgen auf -273 °C ausgekühlt – und für diesen Fall würden die 57 W/m² der Sonne natürlich nicht ausreichen. Aber wir kennen die nächtliche Auskühlung.

Der Klimarat sollte den Mut haben, das Modell loszulassen. Oder die Politik sollte das Modell einkassieren. Mit jedem Verteidigungsversuch entfernen wir uns noch weiter vom Verständnis einer Erwärmung des Klimasystems.

Was wir brauchen, ist eine realistische Einschätzung der Erwärmung: Pendeln sich die Temperaturen irgendwann ein? Oder kumulieren sie – und wenn ja, wie weit? Hier helfen keine Modellannahmen, sondern nur die Realität.

Wenn dieses Buch neue Perspektiven eröffnet hat und mehr Klarheit ins Thema brachte – oder Zweifel an vermeintlichen Gewissheiten wecken konnte –, dann hat sich die Arbeit gelohnt. Denn Physik lebt vom Nachdenken, nicht vom Glauben oder Märchen erzählen. Eigentlich sollte der Untertitel des Buchs lauten: **»Schaut, der hat ja gar nichts an - der Kaiser.«**

Albert Ringlstetter

Glossar

-18 °C
Temperatur, die laut IPCC ohne Treibhausgase auf der Erde herrschen würde. Eine physikalisch zweifelhafte Rechnung, da Speicher, Ozeane und Tag-Nacht-Rhythmus ignoriert werden.

Absorption
Aufnahme von Strahlungsenergie durch Materie. Bei Gasen bedeutet das, dass Moleküle Schwingungszustände anregen – allerdings nur in bestimmten Spektralbereichen und unter sehr engen Bedingungen.

Albedo
Hohe Albedo bedeutet: viel Reflexion, wenig Erwärmung. Zum Beispiel Schnee oder weiße Oberflächen.

Atmosphäre
Die Gashülle der Erde – dünn, aber dynamisch. Sie transportiert Wärme, reflektiert, absorbiert, und streut Strahlung – kann aber wegen geringer Masse nur wenig Energie speichern.

CO_2
Kohlenstoffdioxid – ein farbloses, geruchloses Gas mit drei Atomen. Absorbiert Infrarotstrahlung bei etwa 15 µm Wellenlänge. Wegen seiner geringen Konzentration und fehlenden Speichermasse thermisch kaum wirksam.

Energiefluss
Die Menge an Energie, die tatsächlich pro Zeiteinheit strömt – meist angegeben in Watt pro Quadratmeter (W/m^2).

Entropie
Ein Maß für Verteilungsvielfalt und Unumkehrbarkeit bei Energieprozessen. Keine Temperatur steigt freiwillig.

Experiment
Eine Aussage gilt nur dann als wissenschaftlich, wenn sie prinzipiell experimentell widerlegbar ist. Ohne Experiment bleibt nur Theorie – oder Glaube.

Falsifizierbarkeit
Kriterium echter Wissenschaft nach Karl Popper. Eine Theorie muss sich widerlegen lassen – sonst ist sie nicht prüfbar. Die Treibhausthese fällt in weiten Teilen durch dieses Raster.

Gegenstrahlung
Ein bilanziertes Rechenergebnis, das sich physikalisch nicht messen lässt – aber als Energiequelle interpretiert wird.

Hypothese
siehe These

IPCC
Der Weltklimarat (Intergovernmental Panel on Climate Change) ist ein Gremium der UN, das keine eigene Forschung betreibt, sondern bestehende Studien bewertet – mit starkem Fokus auf CO_2 als Hauptursache der Erwärmung.

Infrarotstrahlung
Wärmestrahlung mit Wellenlängen größer als sichtbares Licht (ca. 0,7–100 µm). Sie wird von warmen Oberflächen abgegeben.

Klimamodell
Ein Rechenmodell, das versucht, zukünftige Klimaentwicklungen zu simulieren – auf Basis vieler Annahmen, Parameter und Korrelationen. Je nach Modell unterschiedlich sensitiv auf CO_2 oder andere Einflussgrößen.

Langwellenstrahlung
siehe Infrarotstrahlung

Perpetuum mobile
Ein hypothetisches Gerät, das mehr Energie abgibt, als es aufnimmt – physikalisch unmöglich.

Pyrgeometer
Ein Messgerät für infrarote Strahlung. Nachts zeigt es im Wesentlichen die Lufttemperatur – keinen tatsächlichen Strahlungsfluss.

Radiative Forcing
Der angebliche Strahlungsantrieb durch CO_2, gemessen in W/m^2. Abgeleitet aus Modellrechnungen als rechnerischer Effekt einer angenommenen CO_2-Sensitivität.

Solarkonstante
Die Sonnenleistung außerhalb der Atmosphäre – etwa 1.361 W/m^2. Am Boden kommt davon deutlich weniger an, je nach Standort, Tageszeit und Bewölkung – und das ist entscheidend.

Speichermasse
Die Masse eines Körpers, die Energie in Form von Wärme aufnehmen kann – z. B. Wasser, Gestein, Luft. In Klimafragen entscheidend, weil sie über Grundwärme, Trägheit und Temperaturverläufe bestimmt. Ohne Masse keine Pufferwirkung.

Stefan-Boltzmann-Gesetz
Formel zur Berechnung der Strahlungsleistung eines Körpers: $Q = \sigma \cdot T^4$. Gilt für ideale Schwarze Körper – und ist das Fundament für viele Temperaturabschätzungen in der Physik.

Strahlung
Energieübertragung durch elektromagnetische Wellen – ohne Trägermedium. Entscheidend im Klimasystem, aber ohne Speicherung und Umverteilung durch Masse bleibt Strahlung wirkungslos.

Strahlungsantrieb
siehe Radiative forcing.

Strahlungsbilanz
Gegenüberstellung aller ein- und ausgehenden Strahlungsflüsse auf der Erde. Nicht gleichzusetzen mit einer Energiebilanz!

Theorie
Ein wissenschaftlich bewährtes Erklärungsmodell, das Experimente übersteht, Vorhersagen macht und logisch konsistent ist. Kein Synonym für „Idee“ oder Behauptung.

These
Eine These muss noch nicht bewiesen sein – aber sie muss prüfbar sein.

Treibhausgas
Ein Gas, das infrarote Strahlung absorbieren kann – z. B. CO_2 oder H_2O. Der Begriff suggeriert eine Wirkung, die physikalisch nicht haltbar ist, zumindest nicht in der vereinfachten Form.

Wärmekapazität
Die Fähigkeit eines Materials, Wärmeenergie zu speichern. Wasser hat eine hohe, Luft eine sehr niedrige Wärmekapazität – deshalb speichern Ozeane viel mehr Wärme als die Atmosphäre.

Wärmeleitung
Der Transport von Wärme durch direkten Molekülkontakt – z. B. in Festkörpern oder Flüssigkeiten.

Wärmestrahlung
Strahlung, die von jedem Körper mit Temperatur ausgesendet wird – je heißer, desto mehr. Sie folgt der Stefan-Boltzmann-Gleichung und ist die Grundlage für viele Klima- und Energiebilanzen.

Wellenlänge
Der Abstand zwischen zwei Maxima einer elektromagnetischen Welle. Bestimmt, ob Strahlung sichtbar, infrarot oder UV ist – und ob ein Molekül sie überhaupt absorbieren kann.

Wirkungsgrad
Das Verhältnis von nutzbarer Energie zu eingesetzter Energie. In der Praxis nie 100 % – außer vielleicht bei rückgerechneten Klimamodellen.

Wolken
Schwebende Wassertröpfchen, die Strahlung reflektieren, streuen oder abschirmen. Der größte Unsicherheitsfaktor in allen Klimamodellen – und zugleich ein gewaltiger Einflussfaktor auf das reale Wettergeschehen.

Stichwortverzeichnis

Made in the USA
Las Vegas, NV
09 August 2025

25433291R10089